A GUIDE TO THE EMISSION COEFFICIENT
OF THE SECOND NATIONAL CENSUS OF
POLLUTION SOURCES

第二次
全国污染源普查产排污
系数手册

|VOCs 通用源项|

生态环境部第二次全国污染源普查工作办公室－编

中国环境出版集团 ○ 北京

图书在版编目（CIP）数据

第二次全国污染源普查产排污系数手册. VOCs 通用源项/生态环境部第二次全国污染源普查工作办公室编. —北京：中国环境出版集团，2022.11
ISBN 978-7-5111-4802-5

Ⅰ. ①第… Ⅱ. ①生… Ⅲ. ①挥发性有机物－污染源调查－中国－手册 Ⅳ. ①X508.2-62

中国版本图书馆 CIP 数据核字（2021）第 151522 号

出 版 人	武德凯	
责任编辑	曲　婷	
责任校对	任　丽	
封面设计	王春声	

出版发行	中国环境出版集团
	（100062　北京市东城区广渠门内大街 16 号）
	网　　　址：http://www.cesp.com.cn
	电子邮箱：bjgl@cesp.com.cn
	联系电话：010-67112765（编辑管理部）
	发行热线：010-67125803，010-67113405（传真）
印　　刷	北京中科印刷有限公司
经　　销	各地新华书店
版　　次	2022 年 11 月第 1 版
印　　次	2022 年 11 月第 1 次印刷
开　　本	880×1230　1/16
印　　张	7.25
字　　数	200 千字
定　　价	60.00 元

组织领导和工作机构

国务院第二次全国污染源普查领导小组人员名单

国发〔2016〕59号文，2016年10月20日

组　长

张高丽　国务院副总理

副组长

陈吉宁　环境保护部部长

宁吉喆　国家统计局局长

丁向阳　国务院副秘书长

成　员

郭卫民　国务院新闻办副主任

张　勇　国家发展改革委副主任

辛国斌　工业和信息化部副部长

黄　明　公安部副部长

刘　昆　财政部副部长

汪　民　国土资源部副部长

翟　青　环境保护部副部长

倪　虹　住房城乡建设部副部长

戴东昌　交通运输部副部长

陆桂华　水利部副部长

张桃林　农业部副部长

孙瑞标　税务总局副局长

刘玉亭　工商总局副局长

田世宏　质检总局党组成员、国家标准委主任

钱毅平　中央军委后勤保障部副部长

★领导小组办公室主任由环境保护部副部长翟青兼任

国务院第二次全国污染源普查领导小组人员名单

国办函〔2018〕74号文，2018年11月5日

组 长

韩 正 国务院副总理

副组长

丁学东 国务院副秘书长
李干杰 生态环境部部长
宁吉喆 统计局局长

成 员

郭卫民 中央宣传部部务会议成员、新闻办副主任
张 勇 发展改革委副主任
辛国斌 工业和信息化部副部长
杜航伟 公安部副部长
刘 伟 财政部副部长
王春峰 自然资源部党组成员
赵英民 生态环境部副部长
倪 虹 住房城乡建设部副部长
戴东昌 交通运输部副部长
魏山忠 水利部副部长
张桃林 农业农村部副部长
孙瑞标 税务总局副局长
马正其 市场监管总局副局长
钱毅平 中央军委后勤保障部副部长

*领导小组办公室设在生态环境部，办公室主任由生态环境部副部长赵英民兼任

序 言

掌握生态环境保护底数
助力打赢污染防治攻坚战

　　第二次全国污染源普查是中国特色社会主义进入新时代的一次重大国情调查，是在决胜全面建成小康社会关键阶段、坚决打赢打好污染防治攻坚战的大背景下实施的一项系统工程，是为全面摸清建设"美丽中国"生态环境底数、加快补齐生态环境短板采取的一项重大举措。在以习近平同志为核心的党中央坚强领导下，按照国务院和国务院第二次全国污染源普查领导小组的部署，各地区、各部门和各级普查机构深入贯彻习近平新时代中国特色社会主义思想和习近平生态文明思想，精心组织、奋力作为，广大普查人员无私奉献、辛勤付出，广大普查对象积极支持、大力配合，第二次全国污染源普查取得重大成果，达到了"治污先治本、治本先清源"的目的，为依法治污、科学治污、精准治污和制定决策规划提供了真实可靠的数据基础，集中反映了十年来中国经济社会健康稳步发展和生态环境保护不断深化优化的新成就，昭示着生态文明建设迈向高质量发展的新图景。

一、第二次全国污染源普查高质量完成

　　第二次全国污染源普查对象为中华人民共和国境内有污染源的单位和个体经营户，范围包括：工业污染源，农业污染源，生活污染源，集中式污染治理设施，移动源及其他产生、排放污染物的设施。普查标准时点为 2017 年 12 月 31 日，时期资料为 2017 年度。这次污染源普查历时 3 年时间，经过前期准备、全面调查和总结发布三个阶段，对全国 357.97 万个产业活动单位和个体经营户进行入户调查和产排污核算工作，摸清了全国各类污染源数量、结构和分布情况，掌握了各类污染物产生、排放和处理情况，建立了重点污染源档案和污染源信息数据库，高标准、高质量完成了既定的目标任务。这次污染源普查的主要特点有：

党中央、国务院高度重视，凝聚工作合力。张高丽、韩正副总理先后担任国务院第二次全国污染源普查领导小组组长，领导小组办公室设在生态环境部。按照"全国统一领导、部门分工协作、地方分级负责、各方共同参与"的原则，县以上各级政府和相关部门组建了普查机构。各级生态环境部门重视普查工作中党的建设，着力打造一支生态环境保护铁军，做到组织到位、人员到位、措施到位、经费到位，为普查顺利实施提供了有力保障。全国（不含港、澳、台）共成立普查机构 9321 个，投入普查经费 90 亿元，动员 50 万人参与，确保了普查顺利实施。

科学设计，普查方案执行有力。依据相关法律法规，加强顶层设计，制定《第二次全国污染源普查方案》，提高普查的科学性和规范性。坚持目标引领、问题导向，经过 12 个省（区、市）普查综合试点、10 个省（区、市）普查专项试点检验，完善涵盖工业源 41 个行业大类的污染源产排污核算方法体系。采取"地毯式"全面清查和全面入户调查相结合的方式，了解掌握"污染源在哪里、排什么、如何排和排多少"四个关键问题，全面摸清生态环境底数。31 个省（区、市）和新疆生产建设兵团以"钉钉子"精神推进污染源普查工作"全国一盘棋"。

运用现代信息技术，推动实践创新。积极推进政务信息大数据共享应用，有效减轻调查对象负担和普查成本。共有 17 个部门作为国务院第二次全国污染源普查领导小组成员单位和联络员单位参与普查，累计提供行政记录和业务资料近 1 亿条，通过比对、合并形成普查清查底册和污染源基本单位名录。首次运用全国环保云资源，建立完善联网直报系统。全面采用电子化手段进行普查小区划分和空间信息采集，使用手持移动终端（PDA）采集和传输数据，提高普查效率。

聚焦数据质量，强化全过程控制。严格"真实、准确、全面"要求，建立细化的数据质量标准，完善数据质量溯源机制，严格普查质量管理和工作纪律。组建普查专家咨询和技术支持团队，开展分类指导和专项督办，引入 4692 个第三方机构参与普查工作，发挥公众监督作用，推动普查公正透明。国务院第二次全国污染源普查领导小组办公室先后对普查各个阶段组织开展工作督导，对全国 31 个省（区、市）和新疆生产建设兵团普查调研指导全覆盖、质量核查全覆盖，确保普查数据质量。

广泛开展宣传培训，营造良好社会氛围。加强普查新闻宣传矩阵平台建设，采取通俗易懂、喜闻乐见的形式，推进普查宣传进基层、进乡镇、进社区、进企业，推广工作中的好经验好方法，营造全社会关注、支持和参与普查的舆论氛围。创新培训方式，统一培训与分级培训相结合，现场培训与网络远程培训相结合，理论传授与案例讲解相结合，由国家负责省级和试点地区、省级负责地市和区县，全方位提高各级普查人员工作能力和技术水平。专题为新疆、西藏等西部地区培训普查业务骨干，深化对口援疆、援藏、援青工作。总的看，第二次全国污染源普查为生态环境保护做了一次高质量"体检"，获得了极其宝贵的海量数据，为加强生态文明建设、推动经济社会高质量发展、推进生态环境领域国家治理体系和治理能力现代化提供了丰富详实的数据支撑。

二、十年来我国生态环境保护取得重大成就

对比第二次全国污染源普查与第一次全国污染源普查结果，可以发现，十年来特别是党的十八大以来，我国在经济规模、结构调整、产业升级、创新动力、区域协调、环境治理等方面呈现诸多积极变化，高质量发展迈出了稳健步伐，生态文明建设取得积极成效，生态环境质量显著改善。

十年来，我国经济社会发展状况以及生态环境保护领域重大改革措施取得重大成果。从十年间两次普查的变化来看：2017 年，化学需氧量、二氧化硫、氮氧化物等污染物排放量较 2007 年分别下降 46%、72%、34%。工业企业废水处理、脱硫和除尘等设施数量，分别是 2007 年的 2.35 倍、3.27 倍和 5.02 倍。城镇污水处理厂数量增加 5.4 倍，设计处理能力增加 1.7 倍，实际污水处理量增加 3 倍；城镇生活污水化学需氧量去除率由 2007 年的 28% 提高至 2017 年的 67%。生活垃圾处置厂数量增加 86%，其中垃圾焚烧厂数量增加 303%，焚烧处理量增加 577%，焚烧处理量比例由 8% 提高到 27%。危险废物集中利用处置厂数量增加 8.22 倍，设计处理能力增加 4279 万吨／年，提高 10.4 倍，集中处置利用量增加 1467 万吨，提高 12.5 倍。这些变化充分体现了生态文明建设战略实施的成就。

十年来，我国经济结构优化升级、协调发展取得新进展。我国正处在转变发展方式、优化经济结构、转换增长动能的攻关期。两次普查数据相比，十年间，工业结构持续改善，制造业转型升级表现突出。工业源普查对象涵盖国民经济行业分类 41 个工业大类行业产业活动单位，数量由 157.55 万个增加到 247.74 万个，增加 90.19 万个，增幅达 57.24%。重点行业生产规模集中，造纸制浆、皮革鞣制、铜铅锌冶炼、炼铁炼钢、水泥制造、炼焦行业的普查对象数量分别减少 24%、36%、51%、50%、37% 和 62%，产品产量分别增加 61%、7%、89%、50%、71% 和 30%。农业源普查对象中，畜禽规模程度明显提高，养殖结构得到优化，生猪规模养殖场（500 头及以上）养殖量占比由 22% 上升为 41%。同时，生猪规模养殖场采用干清粪方式养殖量占比从 55% 提高到 81%。这些深刻反映了我国经济结构的重大变化，表明重点行业产业集中度提高，产业优化升级、淘汰落后产能、严格环境准入等结构调整政策取得积极成效。重点行

业产业结构调整既获得了规模效益和经济效益，同时取得了好的环境成效。

十年来，我国工业企业节能减排成效显著。两次普查相比，在工业源方面，废气、废水污染治理快速发展，治理水平大幅提升。2017年废水治理设施套数比2007年提高了135.47%，废水治理能力提高了26.88%。脱硫设施数和除尘设施数分别提高了226.88%、401.72%。十年间，总量控制重点关注行业排放量占比明显下降，化学需氧量、氨氮、二氧化硫、氮氧化物等四项主要污染物排放量分别下降83.89%、77.56%、75.05%、45.65%。电力、热力生产和供应业二氧化硫、氮氧化物，造纸和纸制品业化学需氧量分别下降86.54%、76.93%、84.44%。铜铅锌冶炼行业二氧化硫减少78%。炼铁炼钢行业二氧化硫减少54%。水泥制造行业氮氧化物减少23%。表明全国各领域生态环境基础设施建设的均等化水平提升，污染治理能力大幅提高，污染治理效果显著。

另外，普查结果也显示当前生态环境保护工作仍然存在薄弱环节，全国污染物排放量总体处于较高水平。第二次全国污染源普查数据为下一步精准施策、科学治污奠定了坚实基础。

三、贯彻落实新发展理念　推动生态环境质量持续改善

习近平总书记强调，小康全面不全面，生态环境很关键。普查结果显示，在党中央、国务院的坚强领导下，经济高质量发展和生态环境高水平保护协同推动，依法治污、科学治污、精准治污方向不变、力度不减，扎实推进蓝天、碧水、净土保卫战，污染防治攻坚战取得关键进展，生态环境质量持续明显改善。从普查数据中也发现，当前污染防治攻坚战面临的困难、问题和挑战还很大，形势仍然严峻，不容乐观。我们既要看到发展的有利条件，也要清醒认识到内外挑战相互交织、生态文明建设"三期叠加"影响持续深化、经济下行压力加大的复杂形势。要以习近平新时代中国特色社会主义思想为指导，紧紧围绕统筹推进"五位一体"总体布局和协调推进"四个全面"战略布局，紧密围绕污染防治攻坚战阶段性目标任务，持续改善生态环境质量，构建生态环境治理体系，为推动生态环境根本好转、建设生态文明和美丽中国、开启全面建设社会主义现代化国家新征程奠定坚实基础。

深入贯彻落实新发展理念。深入贯彻落实习近平生态文明思想，增强各方面践行新发展理念的思想自觉、政治自觉、行动自觉。充分发挥生态环境保护的引导、优化和促进作用，支持服务重大国家战略实施。落实生态环境监管服务、推动经济高质量发展、支持服务民营企业绿色发展各项举措，继续推进"放管服"改革，主动加强环境治理服务，推动环保产业发展。

坚定不移推进污染治理。 用好第二次全国污染源普查成果，推进数据开放共享，以改善生态环境质量为核心，制定国民经济和社会发展"十四五"规划和重大发展战略。全面完成《打赢蓝天保卫战三年行动计划》目标任务，狠抓重点区域秋冬季大气污染综合治理攻坚，积极稳妥推进北方地区清洁取暖，持续整治"散乱污"企业，深入推进柴油货车污染治理，继续实施重污染天气应急减排按企业环保绩效分级管控。深入实施《水污染防治行动计划》，巩固饮用水水源地环境整治成效，持续开展城市黑臭水体整治，加强入海入河排污口治理，推进农村环境综合整治。全面实施《土壤污染防治行动计划》，推进农用地污染综合整治，强化建设用地土壤污染风险管控和修复，组织开展危险废物专项排查整治，深入推进"无废城市"建设试点，基本实现固体废物零进口。

加强生态系统保护和修复。 协调推进生态保护红线评估优化和勘界定标。对各地排查违法违规挤占生态空间、破坏自然遗迹等行为情况进行检查。持续开展"绿盾"自然保护地强化监督。全力推动《生物多样性公约》第十五次缔约方大会圆满成功。开展国家生态文明建设示范市县和"绿水青山就是金山银山"实践创新基地评选工作。

着力构建生态环境治理体系。 推动落实关于构建现代环境治理体系的指导意见、中央和国家机关有关部门生态环境保护责任清单。基本建立生态环境保护综合行政执法体制。构建以排污许可制为核心的固定污染源监管制度体系。健全生态环境监测和评价制度、生态环境损害赔偿制度。夯实生态环境科技支撑。强化生态环境保护宣传引导。加强国际交流和履约能力建设。妥善应对突发环境事件。

加强生态环境保护督察帮扶指导。 持续开展中央生态环境保护督察。持续开展蓝天保卫战重点区域强化监督定点帮扶，聚焦污染防治攻坚战其他重点领域，开展统筹强化监督工作。精准分析影响生态环境质量的突出问题，分流域区域、分行业企业对症下药，实施精细化管理。充分发挥国家生态环境科技成果转化综合平台作用，切实提高环境治理措施的系统性、针对性、有效性。坚持依法行政、依法推进，规范自由裁量权，严格禁止"一刀切"，避免处置措施简单粗暴。

充分发挥党建引领作用。 牢固树立"抓好党建是本职、不抓党建是失职、抓不好党建是渎职"的管党治党意识，始终把党的政治建设摆在首位，巩固深化"不忘初心、牢记使命"主题教育成果，着力解决形式主义突出问题，严格落实中央八项规定及其实施细则精神，进一步发挥巡视利剑作用，一体推进不敢腐、不能腐、不想腐，营造风清气正的政治生态，加快打造生态环境保护铁军。

编制说明

污染源普查是重大国情调查，工业源是第二次全国污染源普查五类普查对象之一。为贯彻《国务院关于开展第二次全国污染源普查的通知》和《国务院办公厅关于印发第二次全国污染源普查方案的通知》的精神和要求，生态环境部环境工程评估中心受生态环境部第二次全国污染源普查工作办公室委托，承担了工业源 VOCs 通用源项产排污系数建立测算项目，编写了《第二次全国污染源普查产排污系数手册 VOCs 通用源项》（以下简称手册）。

VOCs 作为特征污染因子第一次纳入污染源普查中，相比第一次全国污染源普查，本次系数测算新增设备动静密封点、挥发性有机物液体储存与装载、燃烧烟气、固体物料、循环水等通用源项内容，科学合理建立工业源 VOCs 通用源项核算方法，为下一步研究 VOCs 污染物产排情况工作奠定基础。

本手册一共分为六个章节。参与本手册编写的人员主要有黄敏超、于喆、庄思源、王赫婧、沙莎等，审校由王冬朴、蔡梅、郑韶青负责。

第一章　适用范围

对本手册的使用情况、行业适用范围以及涉及的源项类型进行介绍。编制人员包括黄敏超、于喆、牟滨子等。

第二章　主要术语与解释

对本手册所涉及的通用源项名词术语进行详细介绍。编制人员包括庄思源、王赫婧、张嘉妮等。

第三章　排放量核算方法

对本手册所涉及的通用源项具体核算方法、核算步骤进行详细介绍。编制人员包括王赫婧、沙莎、郝少阳、滕巍等。

第四章　系数手册使用方法

对本手册所涉及的通用源项使用方法进行解释，并给出注意事项。编制人员包括沙莎、黄敏超、董振龙、刘贺峰等。

第五章 排放量计算示例

对本手册所涉及的通用源项核算，以案例形式详细列出各个计算过程。编制人员包括于喆、候博峰、左申梅等。

第六章 系数表

以表格形式给出本手册所涉及的通用源项系数，其中储存和装载由于系数数量过于庞大，仅给出部分城市作为例子。编制人员包括黄敏超、于喆、庄思源、沙莎、王赫婧等。

值此手册付梓之际，向参加本项工作的所有单位和个人表示衷心的感谢。

目 录

1 适用范围

本手册仅用于第二次全国污染源普查（以下简称"二污普"）工业污染源中挥发性有机物（设备动静密封点、挥发性有机液体储存与装载、燃烧烟气、固体物料、循环水）产生量和排放量的核算。手册中的产污系数在"二污普"以外应用时需进一步研究考证。

利用本手册进行产排污核算得出的挥发性有机物（VOCs）产生量与排放量仅代表了特定行业、工艺、产品、原料在正常工况条件下挥发性有机物产生与排放量的一般规律。

1.1 设备动静密封点

此次设备动静密封点系数只适用于执行《石油化学工业污染物排放标准》（GB 31571—2015）和《石油炼制工业污染物排放标准》（GB 31570—2015）的石化企业动静密封点挥发性有机物产生量和排放量核算。

1.2 挥发性有机液体储存与装载

此次挥发性有机液体储存与装载源项适用于 75 种物质的挥发性有机物产生量和排放量核算，见表1-1。储罐类型包括固定顶罐、内浮顶罐、外浮顶罐，固定顶罐容积范围为100～30000 米^3，内浮顶罐容积范围为100～50000 米^3，外浮顶罐容积范围为10000～150000 米^3。根据各地实际物料储存温度差异，给出不同储存温度范围的产污系数。

表 1-1 75 种储存物质名单

序号	介质	序号	介质	序号	介质
1	原油	14	正己烷	27	乙酸乙酯
2	汽油	15	正庚烷	28	丁酸乙酯
3	航空汽油	16	正辛烷	29	MTBE
4	轻石脑油	17	正壬烷	30	苯
5	重石脑油	18	正癸烷	31	甲苯
6	航空煤油	19	甲醇	32	邻二甲苯
7	柴油	20	乙醇	33	间二甲苯
8	烷基化油	21	正丁醇	34	对二甲苯
9	抽余油	22	环己醇	35	乙苯
10	蜡油	23	乙二醇	36	正丙苯
11	渣油	24	丙三醇	37	异丙苯
12	污油	25	丙酮	38	丙苯
13	燃料油	26	甲酸甲酯	39	乙二胺

序号	介质	序号	介质	序号	介质
40	三乙胺	52	其他（环己烯）	64	其他（甲缩醛）
41	二乙苯	53	其他（1-辛醇）	65	其他（甲酸乙酯）
42	苯酚	54	其他（甲基丙烯酸甲酯）	66	其他（甲酸）
43	苯乙烯	55	其他（正丙醇）	67	其他（甲基异丁基酮）
44	醋酸	56	其他（异辛烷）	68	其他（环己烷）
45	正丁酸	57	其他（异丁醇）	69	其他（环己酮）
46	丙烯酸	58	其他（异丙醇）	70	其他（癸醇）
47	丙烯腈	59	其他（乙酸丁酯）	71	其他（二乙二醇）
48	醋酸乙烯	60	其他（四氢呋喃）	72	其他（醋酸仲丁酯）
49	其他（甲乙酮）	61	其他（四氯乙烯）	73	其他（醋酸正丙酯）
50	其他（苯胺）	62	其他（糠醛）	74	其他（DMF）
51	其他（异戊烷）	63	其他（间二氯苯）	75	其他（煤焦油）

1.3　燃烧烟气

此次将燃烧烟气源项细分为工业锅炉燃烧烟气源项和工业炉窑燃烧烟气源项两大类，工业锅炉燃烧烟气源项系数适用于工业企业中用于提供电能或热能的工业锅炉的挥发性有机物产生量和排放量的核算。工业炉窑燃烧烟气源项系数适用于工业生产中将物料或工件进行冶炼、焙烧、熔化、加热等工序中热工设备的挥发性有机物产生量和排放量核算。

1.4　固体物料

此次固体物料源项系数主要适用于敞开式的油泥、污泥、石油焦、褐煤四种固体物料堆积过程中挥发性有机物产生量和排放量核算。

1.5　循环水

此次循环水源项系数只适用于执行《石油化学工业污染物排放标准》（GB 31571—2015）和《石油炼制工业污染物排放标准》（GB 31570—2015）的石化企业循环水挥发性有机物产生量和排放量核算。

2　主要术语与解释

2.1　设备动静密封点

主要是指设备内的物料通过设备动静密封点泄漏产生的挥发性有机物排放，既存在于生产装置中，也存在于储存、装载、供热供冷等公辅设施中，设备动静密封点类型主要包括泵、压缩机、搅拌器、阀门、泄压设备、开口管线、法兰、连接件、其他共 9 大类。

2.2　挥发性有机液体储存与装载

储存主要是指有机液体固定顶罐（立式和卧式）、浮顶罐（内浮顶和外浮顶）的静置呼吸损耗和工作损耗产生的挥发性有机物排放，压力储罐暂不考虑挥发性有机物排放。

装载主要指有机液体在装载、分装过程中产生的挥发性有机物排放。

2.3　燃烧烟气

主要是指锅炉、工业窑炉、加热炉等设施燃烧燃料过程排放的挥发性有机物。

2.4　固体物料

主要是指由于固体物料自身含有或吸附挥发性有机物物质，在开放或半开放的环境下堆存时产生的挥发性有机物排放。

2.5　循环水

主要是指由于回用水处理不彻底、添加水质稳定剂和工艺物料泄漏将污染物带入循环冷却水中，污染物通过循环水冷却塔的闪蒸、汽提和风吹等作用将挥发性有机物释放到大气中。

3 排放量核算方法

3.1 设备动静密封点

根据行业选择设备动静密封点的系数，挥发性有机物产排放量计算公式如下：

$$E = D = k \times Q \times \frac{t}{8760}$$

式中，E——挥发性有机物年排放量，千克/年；

D——挥发性有机物年产生量，千克/年；

k——设备动静密封点的挥发性有机物产污系数，千克/（个·年）；

Q——设备动静密封点的个数，个；

t——企业实际运行时间，小时/年；

8760——全年小时数，小时/年。

3.2 挥发性有机液体储存与装载

根据省市、物料名称、罐型、储罐容积、储存温度选择该源项系数，挥发性有机液体储存挥发性有机物产生量计算公式如下：

$$D = \sum (k_1 \times Q_i + n \times k_2)$$

式中，D——挥发性有机物年产生量，千克/年；

k_1——工作损失排放系数，千克/吨（周转量）；

k_2——静置损失排放系数，千克/年；

n——相同物料、储罐类型、储罐容积、储存温度下的储罐个数；

Q_i——物料的年周转量，吨/年。

根据省市、物料名称、装载方式确定相应的系数，有机液体装载的产生量计算公式如下：

$$D = \sum (k \times Q_i)$$

式中，D——挥发性有机物年产生量，千克/年；

k——装载系数，千克/吨（装载量）；

Q_i——物料的年装载量，吨/年。

挥发性有机液体储存与装载的年排放量计算公式如下：

$$E = D \times (1 - \eta_{去除} \times k)$$

式中，E——某源项挥发性有机物年排放量，千克/年；

　　　D——某源项挥发性有机物年产生量，千克/年；

　　　$\eta_{去除}$——污染治理技术的去除效率（已涵盖收集效率）；

　　　k——污染治理设施的运行率，最大 100%。

上述去除效率 $\eta_{去除}$ 可以根据收集方式和末端治理措施获得，末端治理设施的运行率 k=工艺废气净化装置运行时间/正常生产时间。

3.3 燃烧烟气

根据锅炉类型、燃烧方式、燃料类型，或根据炉窑类型及相应的燃料类型或产品名称选择系数，计算公式如下：

$$E = D = \sum \left(k_i \times Q_i \right)$$

式中，E——挥发性有机物年排放量，千克/年；

　　　D——挥发性有机物年产生量，千克/年；

　　　k_i——燃烧烟气源项挥发性有机物产污系数，千克/吨（燃料或产品）或千克/万米^3（燃料）；

　　　Q_i——燃料年消耗量，吨/年或万米^3/年；或产品年产量，吨/年。

因为燃烧烟气源项不涉及末端治理措施，产生量即为排放量。

3.4 固体物料

鉴于现阶段行业或企业对于固体物料堆存所产生的挥发性有机物的研究并不深入，没有成型的核算数据。因此，固体物料堆存源项挥发性有机物核算方法主要根据《固体废物　挥发性有机物的测定　顶空/气相色谱-质谱法》（HJ 643—2013）和《固体废物　挥发性有机物的测定　顶空-气相色谱法》（HJ 760—2015）进行计算，具体计算根据如下公式进行。

$$E = D = \sum \left(k_i \times Q_i \right)$$

式中，E——挥发性有机物年排放量，千克/年；

　　　D——挥发性有机物年产生量，千克/年；

　　　k_i——单位固体物料堆存量的挥发性有机物产污系数，千克/吨；

　　　Q_i——固体物料敞开堆存量，吨/年。

因为固体物料堆存源项不涉及末端治理措施，产生量即为排放量。

3.5 循环水

根据循环冷却水塔的类型及所在行业选择系数，计算公式如下：

$$E = D = \sum \left(k_i \times Q_i \right)$$

式中，E——挥发性有机物年排放量，千克/年；

D——挥发性有机物年产生量，千克/年；

k_i——循环水源项挥发性有机物产污系数，千克/米^3；

Q_i——循环水年循环量，米^3/年；

因为循环水源项不涉及末端治理措施，产生量即为排放量。

4 系数手册使用方法

该系数手册主要适用于第二次全国污染源普查工业源挥发性有机物通用源项的产排量核算，利用已有行业统计基础，根据现有系数手册，找到对应的源项系数，进行相乘求和即可得到产生量，再根据不同末端治理设施计算排放量。其中有以下需要注意的事项：

4.1 设备动静密封点

此次"二污普"期间设备动静密封点源项产污系数只适用于石化行业，且考虑因素只涉及企业的动静密封点个数与企业的实际运行时间。此种情况下得出的产生量可能与单个企业的实际排放量存在一定的差异。

4.2 挥发性有机液体储存与装载

（1）挥发性有机液体储存与装载源项根据不同的省市给出不同的系数组合，此系数表覆盖了全国30个省（直辖市、自治区）和283个地级市，如未找到对应的地级市，可以采用省的系数表进行挥发性有机物的产生量与排放量核算。

（2）挥发性有机液体储存与装载源项系数表给出了常见的75种有机液体，"二污普"期间如普查到其他物质，可以根据真实蒸气压参考相近的物质进行挥发性有机物产生量和排放量核算。

4.3 燃烧烟气

（1）燃烧烟气源项以第一次全国污染源普查中工业锅炉及工业炉窑普查情况为基础，并充分对接各行业相关单位，对炉型与燃料或产品的排列组合进行了调整，得出了本次"二污普"工业源挥发性有机物燃烧烟气源项产污系数表。如未在本产污系数表中列明的炉型与燃料或产品的排列组合不纳入"二污普"燃烧烟气源项挥发性有机物核算。

（2）工业炉窑依据不同炉型细分为按产品产量核算及按燃料使用量核算两种，二者互不重叠、相互独立。

4.4 固体物料

固体物料源项挥发性有机物产污系数采用国家标准中的顶空法监测所得。固体物料系数仅适用于敞开式堆存条件下的油泥、污泥、石油焦和褐煤四种挥发性有机物产生量核算。

4.5 循环水

此次"二污普"期间循环水源项只涉及石化行业，其他行业循环水源项不在普查范围内，所以此系数手册不单独出具其他行业循环水源项系数。

5 排放量计算示例

5.1 设备动静密封点

某石化企业共有 738085 个动静密封点，计算挥发性有机物排放量。

（1）产污系数及其计量单位

产污系数为 0.35446，单位为千克/（个·年）。

（2）获取该石化企业正常生产时间为 8760 小时，全厂动静密封点个数为 738085 个。

（3）计算动静密封点挥发性有机物产排放量

动静密封点挥发性有机物排放量=动静密封点挥发性有机物产生量

$$=产污系数×全厂动静密封点个数×正常生产时间÷8760$$

$$=0.35446 千克/（个·年）×738085 个×8760÷8760$$

$$=261621.609 千克/年$$

5.2 有机液体储存与装载

某石化企业位于河北省沧州市。该单位用内浮顶罐存储汽油，情况见表 5-1。

表 5-1　某企业汽油储罐转载信息

指标名称	计量单位	代码	指标值	
			物料 1	物料 2
甲	乙	丙	1	2
一、基本信息				
物料名称	—	01	汽油	—
物料代码	—	02	—	—
二、储罐信息				
储罐类型	—	03	内浮顶罐	—
储罐容积	米³	04	10000	—
储存温度	℃	05	25	—
相同类型、容积、温度的储罐个数	个	06	4	—
物料年周转量	吨/年	07	100000	—
挥发性有机物处理工艺	—	08	无	—
三、装载信息				
年装载量	吨/年	09	100000	—
其中：汽车/火车装载量	吨/年	10	100000	—
汽车/火车装载方式	—	11	底部装载	—

指标名称	计量单位	代码	指标值	
			物料 1	物料 2
船舶装载量	吨/年	12	0	—
船舶装载方式	—	13	—	—
挥发性有机物处理工艺	—	14	冷凝法	—
四、污染物产生排放情况				
挥发性有机物产生量	千克/年	15	—	—
挥发性有机物排放量	千克/年	16	—	—

5.2.1 有机液体储存

（1）由于该企业位于河北省沧州市，根据物料名称、储罐类型、储罐容积、储存温度，查找产污系数表，确定静置损失系数为 4793.835 千克/年，工作损失系数为 1.711×10^{-3} 千克/吨（周转量）。

（2）该企业汽油储存挥发性有机物产生量=工作损失系数×年周转量+静置损失系数×相同类型、容积、温度的储罐个数=0.001711 千克/吨（周转量）×100000 吨+4793.835 千克/年×4=19346.440 千克/年。

（3）由于无尾气治理设施，故其汽油储存挥发性有机物排污量与产污量相同，为 19346.440 千克/年。

5.2.2 有机液体装载

（1）由于该企业位于河北省沧州市，根据物料名称、装载方式，查找产污系数表，确定产污系数 0.626 千克/吨（装载量）。

（2）可得其汽油装载挥发性有机物产污量=年装载量×装载挥发性有机物产污系数=100000 吨/年×0.626 千克/吨（装载量）=62600 千克/年。

（3）装载方式采用底部装载，装载尾气采用冷凝法，匹配去除效率 50%，投用率默认 100%。

（4）故其汽油装载挥发性有机物排污量=62600 千克/年×（1-50%×100%）=31300 千克/年。

5.3 燃烧烟气

5.3.1 锅炉类燃烧烟气

某企业主要从事火力发电，具有一台煤粉炉使用一般烟煤作为燃料，据统计该台锅炉年燃料使用量为 750000 吨。本核算示例以燃烧烟气中挥发性有机物为例，说明该台煤粉炉燃烧烟气挥发性有机物排放量计算办法。

（1）燃烧烟气挥发性有机物产生量计算

1）查找产污系数及其计量单位

主要产品为电能/热能，燃料名称为一般烟煤，燃烧方式为煤粉炉。该组合中燃烧烟气挥发性有机物的产污系数为 1.18×10^{-2} 千克/吨（燃料）。

2）获取企业燃料用量

实际填报情况：该企业年燃料使用量为 750000 吨/年。

3）计算燃烧烟气挥发性有机物产生量

由于查询到的组合中，燃烧烟气挥发性有机物产污系数的单位为千克/吨（燃料），因此在核算产生量时采用燃料使用量。

燃烧烟气挥发性有机物产生量=燃烧烟气挥发性有机物产污系数×燃料（一般烟煤）使用量

$$=1.18×10^{-2} 千克/吨（燃料）×750000 吨/年$$

$$=8850 千克/年$$

（2）燃烧烟气挥发性有机物排放量计算

燃烧烟气源项没有末端治理措施。

燃烧烟气源项挥发性有机物排放量=燃烧烟气源项挥发性有机物产生量

5.3.2　工业炉窑类燃烧烟气（按产品）

某企业主要从事水泥制造，具有一台熟料生产回转窑，据统计该台回转窑每年生产熟料 30 万吨。本核算示例以燃烧烟气中挥发性有机物为例，说明该台回转窑燃烧烟气挥发性有机物排放量计算办法。

（1）燃烧烟气挥发性有机物产生量计算

1）查找产污系数及其计量单位

主要产品为熟料，主要工艺为回转窑。该组合中燃烧烟气挥发性有机物的产污系数为 $4.08×10^{-2}$ 千克/吨（产品）。

2）获取企业产品产量

实际填报情况：该企业产品产量为 30 万吨/年。

3）计算燃烧烟气挥发性有机物产生量

由于查询到的组合中，燃烧烟气挥发性有机物产污系数的单位为千克/吨（产品），因此在核算产生量时采用产品产量。

燃烧烟气挥发性有机物产生量=燃烧烟气挥发性有机物产污系数×产品（熟料）产量

$$=4.08×10^{-2} 千克/吨（产品）×300000 吨/年$$

$$=12240 千克/年$$

（2）燃烧烟气挥发性有机物排放量计算

燃烧烟气源项没有末端治理措施。

燃烧烟气源项挥发性有机物排放量=燃烧烟气源项挥发性有机物产生量

5.3.3　工业炉窑类燃烧烟气（按燃料）

某企业主要从事石油制品加工，具有一台以炼厂干气为燃料的加热炉，据统计，该台加热炉年燃料使用量为 3920 吨。本核算示例以燃烧烟气中挥发性有机物为例，说明该台加热炉燃烧烟气挥发性有机物排放量计算办法。

（1）燃烧烟气挥发性有机物产生量计算

1）查找产污系数及其计量单位

主要原料为炼厂干气，主要工艺为加热炉。该组合中燃烧烟气挥发性有机物的产污系数为 6.88×10^{-1} 千克/吨（燃料）。

2）获取企业燃料使用量

实际填报情况：该企业燃料使用量为 3920 吨/年。

3）计算燃烧烟气挥发性有机物产生量

由于查询到的组合中，燃烧烟气挥发性有机物产污系数的单位为千克/吨（燃料），因此在核算产生量时采用燃料使用量。

燃烧烟气挥发性有机物产生量=燃烧烟气挥发性有机物产污系数×燃料（炼厂干气）使用量

$$=6.88\times10^{-1}\text{千克/吨（燃料）}\times3920\text{吨/年}$$

$$=2696.96\text{千克/年}。$$

（2）燃烧烟气挥发性有机物排放量计算

燃烧烟气源项没有末端治理措施。

燃烧烟气源项挥发性有机物排放量=燃烧烟气源项挥发性有机物产生量

5.4　固体物料

某企业主要从事汽油、柴油等生产，该企业以苏丹原油为主要原料，生产装置涉及常减压、汽油加氢焦化等，年炼油量（生产规模）1000 万吨。该企业废气的污染治理技术采用活性炭吸附、UV 光催化等。涉及的废气污染物主要为挥发性有机物、氮氧化物、二氧化硫、颗粒物和氨等。

本核算示例以固体物料堆存中挥发性有机物无组织逸散为例，说明该企业固体物料堆存过程中挥发性有机物排放量的计算方法。

5.4.1　挥发性有机物产生量计算

（1）查找产污系数及其计量单位

敞开式堆存固体物料为石油焦和污泥，石油焦的挥发性有机物产污系数为 3.376×10^{-3} 千克/吨（物料）；污泥的挥发性有机物产污系数为 8.440×10^{-2} 千克/吨（物料）。

（2）获取企业产品产量与原料用量

实际填报情况：该企业敞开式堆场石油焦日均储存量为 10 吨，敞开式堆场污泥日均储存量为 3 吨。

（3）计算固体物料堆存源项挥发性有机物产生量

由于查询到的组合中，固体物料堆存源项挥发性有机物产污系数的单位为千克/吨（物料），因此在核算产生量时采用固体物料堆存量。

固体物料堆存挥发性有机物产生量

=该类固体物料挥发性有机物产污系数×该类固体物料堆存量

=3.376×10^{-3} 千克/吨×10 吨/天×365 天/年+8.440×10^{-2} 千克/吨×3 吨/天×365 天/年

=104.74 千克/年

5.4.2　固体物料堆存源项挥发性有机物排放量计算

由于固体物料为敞开式堆存，没有任何治理措施，则：

固体物料挥发性有机物排放量=固体物料挥发性有机物产生量

5.5　循环水

企业以原油加工及石油制品制造为主，原辅材料消耗量为 52.42×10^{4} 吨/年，产品产量为稳定汽油 43397 吨/年、精制柴油 227062 吨/年、液化石油气 8703 吨/年、石油焦 139286 吨/年、蜡油 71530 吨/年，主体装置为 900000 吨/年延迟焦化、300000 吨/年加氢精制、5000 万米^{3}/小时制氢装置，年循环水量为 200200 米^{3}/年。本核算示例以循环水挥发性有机物为例，说明该企业循环水源项的挥发性有机物排放量计算方法。

5.5.1　循环冷却水产生量计算

（1）查找产污系数及其计量单位

原油加工及石油制品制造循环冷却水产污系数为 1.24×10^{-3}，单位为千克/米^{3}（循环水量）。

（2）获取企业填报的年循环水量

实际填报情况：该企业的年循环水量为 200200 米^{3}/年。

（3）计算循环冷却水挥发性有机物产生量

由于查询到的组合中，循环冷却水产污系数的单位为千克/米^{3}（循环水量），因此在核算产生量时采用循环水量。

循环水挥发性有机物产生量=循环水源项产污系数×年循环水量

=1.24×10^{-3} 千克/米^{3}（循环水量）×200200 米^{3}/年

=248.25 千克/年

5.5.2　循环冷却水排放量计算

该企业循环水源项没有末端治理措施。

循环水源项挥发性有机物排放量=循环水源项挥发性有机物产生量

6　系数表

表 6-1　燃烧烟气锅炉挥发性有机物产污系数表

产品名称	锅炉类型	燃烧方式	燃料名称	规模等级	污染物指标	单位	产污系数
电能/ 电能+ 热能	燃煤锅炉	煤粉炉	一般烟煤	所有规模	挥发性有机物	千克/吨（燃料）	1.18×10^{-2}
			褐煤	所有规模	挥发性有机物	千克/吨（燃料）	5.91×10^{-3}
			无烟煤	所有规模	挥发性有机物	千克/吨（燃料）	3.03×10^{-3}
			原煤	所有规模	挥发性有机物	千克/吨（燃料）	6.91×10^{-3}
		循环流化 床锅炉	一般烟煤	所有规模	挥发性有机物	千克/吨（燃料）	2.86×10^{-2}
			褐煤	所有规模	挥发性有机物	千克/吨（燃料）	8.09×10^{-3}
			石油焦	所有规模	挥发性有机物	千克/吨（燃料）	5.75×10^{-3}
			煤矸石（用于燃料）	所有规模	挥发性有机物	千克/吨（燃料）	1.83×10^{-2}
			无烟煤	所有规模	挥发性有机物	千克/吨（燃料）	4.17×10^{-3}
			原煤	所有规模	挥发性有机物	千克/吨（燃料）	1.36×10^{-2}
		抛煤机炉	一般烟煤	所有规模	挥发性有机物	千克/吨（燃料）	2.50×10^{-2}
			褐煤	所有规模	挥发性有机物	千克/吨（燃料）	1.50×10^{-2}
			原煤	所有规模	挥发性有机物	千克/吨（燃料）	2.01×10^{-2}
			无烟煤	所有规模	挥发性有机物	千克/吨（燃料）	7.75×10^{-3}
			其他洗煤	所有规模	挥发性有机物	千克/吨（燃料）	1.41×10^{-2}
			煤制品	所有规模	挥发性有机物	千克/吨（燃料）	4.85×10^{-3}
			焦炭	所有规模	挥发性有机物	千克/吨（燃料）	3.88×10^{-3}
		链条炉	一般烟煤	所有规模	挥发性有机物	千克/吨（燃料）	6.35×10^{-3}
			褐煤	所有规模	挥发性有机物	千克/吨（燃料）	5.91×10^{-3}
			无烟煤	所有规模	挥发性有机物	千克/吨（燃料）	3.03×10^{-3}
			原煤	所有规模	挥发性有机物	千克/吨（燃料）	6.13×10^{-3}
			其他洗煤	所有规模	挥发性有机物	千克/吨（燃料）	5.91×10^{-3}
			煤制品	所有规模	挥发性有机物	千克/吨（燃料）	1.92×10^{-3}
			焦炭	所有规模	挥发性有机物	千克/吨（燃料）	1.52×10^{-3}
		其他层 燃炉	一般烟煤	所有规模	挥发性有机物	千克/吨（燃料）	5.73×10^{-3}
			褐煤	所有规模	挥发性有机物	千克/吨（燃料）	1.50×10^{-2}
			无烟煤	所有规模	挥发性有机物	千克/吨（燃料）	3.41×10^{-3}
			煤制品	所有规模	挥发性有机物	千克/吨（燃料）	2.50×10^{-2}
			洗精煤（用于炼焦）	所有规模	挥发性有机物	千克/吨（燃料）	1.50×10^{-2}
			其他洗煤	所有规模	挥发性有机物	千克/吨（燃料）	1.50×10^{-2}
			焦炭	所有规模	挥发性有机物	千克/吨（燃料）	1.71×10^{-3}
			其他燃料	所有规模	挥发性有机物	千克/吨标准煤	3.41×10^{-3}
		其他	一般烟煤	所有规模	挥发性有机物	千克/吨（燃料）	5.73×10^{-3}
			褐煤	所有规模	挥发性有机物	千克/吨（燃料）	1.50×10^{-2}
			无烟煤	所有规模	挥发性有机物	千克/吨（燃料）	3.41×10^{-3}

产品名称	锅炉类型	燃烧方式	燃料名称	规模等级	污染物指标	单位	产污系数
电能/电能+热能	燃煤锅炉	其他	煤制品	所有规模	挥发性有机物	千克/吨（燃料）	2.50×10^{-2}
			炼焦烟煤	所有规模	挥发性有机物	千克/吨（燃料）	5.73×10^{-3}
			洗精煤（用于炼焦）	所有规模	挥发性有机物	千克/吨（燃料）	1.50×10^{-2}
			其他洗煤	所有规模	挥发性有机物	千克/吨（燃料）	1.50×10^{-2}
			焦炭	所有规模	挥发性有机物	千克/吨（燃料）	1.71×10^{-3}
			其他燃料	所有规模	挥发性有机物	千克/吨标准煤	3.41×10^{-3}
	燃气锅炉	室燃炉	天然气	所有规模	挥发性有机物	千克/万米³（燃料）	1.68
			液化天然气	所有规模	挥发性有机物	千克/吨（燃料）	2.40×10^{-1}
			焦炉煤气	所有规模	挥发性有机物	千克/万米³（燃料）	3.34×10^{-1}
			高炉煤气	所有规模	挥发性有机物	千克/万米³（燃料）	1.53×10^{-1}
			炼厂干气	所有规模	挥发性有机物	千克/吨（燃料）	2.90×10^{-1}
			转炉煤气	所有规模	挥发性有机物	千克/万米³（燃料）	1.53×10^{-1}
			发生炉煤气	所有规模	挥发性有机物	千克/万米³（燃料）	1.53×10^{-1}
			煤层气	所有规模	挥发性有机物	千克/万米³（燃料）	5.26×10^{-1}
			液化石油气	所有规模	挥发性有机物	千克/吨（燃料）	3.16×10^{-1}
			其他燃料	所有规模	挥发性有机物	千克/吨标准煤	4.52×10^{-1}
		其他	天然气	所有规模	挥发性有机物	千克/万米³（燃料）	1.68
			液化天然气	所有规模	挥发性有机物	千克/吨（燃料）	2.40×10^{-1}
			液化石油气	所有规模	挥发性有机物	千克/吨（燃料）	3.16×10^{-1}
			发生炉煤气	所有规模	挥发性有机物	千克/万米³（燃料）	1.53×10^{-1}
			煤层气	所有规模	挥发性有机物	千克/万米³（燃料）	5.26×10^{-1}
			焦炉煤气	所有规模	挥发性有机物	千克/万米³（燃料）	3.34×10^{-1}
			高炉煤气	所有规模	挥发性有机物	千克/万米³（燃料）	1.53×10^{-1}
			炼厂干气	所有规模	挥发性有机物	千克/吨（燃料）	2.90×10^{-1}
			转炉煤气	所有规模	挥发性有机物	千克/吨（燃料）	1.53×10^{-1}
			其他燃料	所有规模	挥发性有机物	千克/吨标准煤	4.52×10^{-1}
	燃油锅炉	室燃炉	汽油	所有规模	挥发性有机物	千克/吨（燃料）	1.40×10^{-1}
			煤油	所有规模	挥发性有机物	千克/吨（燃料）	1.40×10^{-1}
			柴油	所有规模	挥发性有机物	千克/吨（燃料）	1.09×10^{-1}
			燃料油	所有规模	挥发性有机物	千克/吨（燃料）	1.36
			原油	所有规模	挥发性有机物	千克/吨（燃料）	1.40×10^{-1}
			其他燃料	所有规模	挥发性有机物	千克/吨标准煤	2.0×10^{-1}
		其他	汽油	所有规模	挥发性有机物	千克/吨（燃料）	1.40×10^{-1}
			煤油	所有规模	挥发性有机物	千克/吨（燃料）	1.40×10^{-1}
			柴油	所有规模	挥发性有机物	千克/吨（燃料）	1.09×10^{-1}
			燃料油	所有规模	挥发性有机物	千克/吨（燃料）	1.36
			原油	所有规模	挥发性有机物	千克/吨（燃料）	1.40×10^{-1}
			其他燃料	所有规模	挥发性有机物	千克/吨标准煤	2.0×10^{-1}
	生物质锅炉	层燃炉	生物燃料	所有规模	挥发性有机物	千克/吨标准煤	1.86×10^{-2}
		其他	生物燃料	所有规模	挥发性有机物	千克/吨标准煤	1.37×10^{-2}
	其他锅炉		城市生活垃圾	所有规模	挥发性有机物	千克/吨（燃料）	2.77×10^{-2}

表 6-2 燃烧烟气工业炉窑挥发性有机物产污系数表（按照产品分类）

炉窑类型	燃料类别	规模等级	污染物指标	产品	单位	产污系数
熔炼炉	无烟煤 烟煤 褐煤 煤制品 焦炭 石油焦 煤矸石 天然气 液化天然气 焦炉煤气 高炉煤气 炼厂干气 汽油 煤油 柴油 燃料油 生物燃料 城市生活垃圾	所有规模	挥发性有机物	金属铬	千克/吨（产品）	0
		所有规模	挥发性有机物	精炼铜	千克/吨（产品）	0
		所有规模	挥发性有机物	精锡	千克/吨（产品）	0
		所有规模	挥发性有机物	金属锑	千克/吨（产品）	0
		所有规模	挥发性有机物	铜镍合金	千克/吨（产品）	0
		所有规模	挥发性有机物	铝硅合金	千克/吨（产品）	0
		所有规模	挥发性有机物	铝镁合金	千克/吨（产品）	0
		所有规模	挥发性有机物	锡锑合金	千克/吨（产品）	0
		所有规模	挥发性有机物	铅锑合金	千克/吨（产品）	0
		所有规模	挥发性有机物	钛板材	千克/吨（产品）	0
		所有规模	挥发性有机物	钛钢板	千克/吨（产品）	0
		所有规模	挥发性有机物	钛型材	千克/吨（产品）	0
		所有规模	挥发性有机物	钛丝材	千克/吨（产品）	0
熔化炉		所有规模	挥发性有机物	锑白	千克/吨（产品）	0
		所有规模	挥发性有机物	铜锡合金（青铜）	千克/吨（产品）	0
		所有规模	挥发性有机物	铜锌合金（黄铜）	千克/吨（产品）	0
		所有规模	挥发性有机物	铜镍合金	千克/吨（产品）	0
		所有规模	挥发性有机物	铝硅合金	千克/吨（产品）	0
		所有规模	挥发性有机物	铝镁合金	千克/吨（产品）	0
		所有规模	挥发性有机物	锡铅合金	千克/吨（产品）	0
		所有规模	挥发性有机物	锡锑合金	千克/吨（产品）	0
		所有规模	挥发性有机物	铅锑合金	千克/吨（产品）	0
裂解炉		所有规模	挥发性有机物	乙烯	千克/吨（产品）	5.40×10^{-4}
		所有规模	挥发性有机物	烯烃	千克/吨（产品）	8.88×10^{-4}
电石炉		所有规模	挥发性有机物	电石	千克/吨（产品）	5.47×10^{-3}
		所有规模	挥发性有机物	金属铬	千克/吨（产品）	1.22×10^{-2}
		所有规模	挥发性有机物	硬质合金	千克/吨（产品）	2.42×10^{-2}
煅烧炉		所有规模	挥发性有机物	钨粉	千克/吨（产品）	0
		所有规模	挥发性有机物	碳化钨	千克/吨（产品）	0
		所有规模	挥发性有机物	球团矿	千克/吨（产品）	9.31×10^{-3}
		所有规模	挥发性有机物	粗镁	千克/吨（产品）	3.66×10^{-2}
		所有规模	挥发性有机物	熟料	千克/吨（产品）	4.15×10^{-2}
烧成窑		所有规模	挥发性有机物	陶瓷墙砖	千克/吨（产品）	2.02×10^{-3}
		所有规模	挥发性有机物	日用陶瓷（骨质瓷）	千克/吨（产品）	3.56×10^{-3}
		所有规模	挥发性有机物	烧成镁质砖	千克/吨（产品）	5.21×10^{-3}
		所有规模	挥发性有机物	烧成高铝、黏土、硅砖	千克/吨（产品）	5.21×10^{-3}
		所有规模	挥发性有机物	新型墙体保温材料	千克/吨（产品）	2.73×10^{-3}

炉窑类型	燃料类别	规模等级	污染物指标	产品	单位	产污系数
其他工业炉窑	无烟煤 烟煤 褐煤 煤制品 焦炭 石油焦 煤矸石 天然气 液化天然气 焦炉煤气 高炉煤气 炼厂干气 汽油 煤油 柴油 燃料油 生物燃料 城市生活垃圾	所有规模	挥发性有机物	岩矿棉	千克/吨（产品）	3.38×10⁻³
		所有规模	挥发性有机物	烧结矿	千克/吨（产品）	3.92×10⁻³
		所有规模	挥发性有机物	球团矿	千克/吨（产品）	9.85×10⁻³
		所有规模	挥发性有机物	氧化铝	千克/吨（产品）	1.01×10⁻³
		所有规模	挥发性有机物	钼丝材	千克/吨（产品）	1.83×10⁻³
		所有规模	挥发性有机物	钼条材	千克/吨（产品）	1.83×10⁻³
		所有规模	挥发性有机物	钼棒材	千克/吨（产品）	1.83×10⁻³
		所有规模	挥发性有机物	磁性材料	千克/吨（产品）	3.69×10⁻³
		所有规模	挥发性有机物	化学木浆	千克/吨（产品）	5.30×10⁻³
		所有规模	挥发性有机物	卫生陶瓷	千克/吨（产品）	4.04×10⁻³
		所有规模	挥发性有机物	日用陶瓷	千克/吨（产品）	1.66×10⁻³
		所有规模	挥发性有机物	直接还原铁	千克/吨（产品）	3.25×10⁻³
		所有规模	挥发性有机物	煤矸石砖	千克/吨（产品）	3.25×10⁻³
		所有规模	挥发性有机物	退火板卷	千克/吨（产品）	2.22×10⁻²
		所有规模	挥发性有机物	镀层板卷	千克/吨（产品）	1.15×10⁻²
		所有规模	挥发性有机物	冷轧无缝管	千克/吨（产品）	1.40×10⁻²
		所有规模	挥发性有机物	冷拔线棒材	千克/吨（产品）	1.90×10⁻²
		所有规模	挥发性有机物	焊接钢管	千克/吨（产品）	1.28×10⁻²
		所有规模	挥发性有机物	含钒生铁	千克/吨（产品）	0
		所有规模	挥发性有机物	炼钢生铁	千克/吨（产品）	0
		所有规模	挥发性有机物	玻璃棉	千克/吨（产品）	3.38×10⁻³
		所有规模	挥发性有机物	平板玻璃	千克/吨（产品）	3.38×10⁻³
		所有规模	挥发性有机物	熟料	千克/吨（产品）	4.08×10⁻²
		所有规模	挥发性有机物	高岭土	千克/吨（产品）	2.37×10⁻³
		所有规模	挥发性有机物	氧化球团	千克/吨（产品）	3.22×10⁻²
		所有规模	挥发性有机物	直接还原铁	千克/吨（产品）	2.46×10⁻²
		所有规模	挥发性有机物	粗镁	千克/吨（产品）	2.78×10⁻²
		所有规模	挥发性有机物	粗钢	千克/吨（产品）	3.18×10⁻³

表6-3 燃烧烟气工业炉窑挥发性有机物产污系数表（按照燃料分类）

窑炉类型	燃料类型	规模等级	污染物指标	单位	产污系数
加热炉	原煤、一般烟煤、其他洗煤、无烟煤、褐煤、煤制品、焦炭、石油焦、煤矸石（用于燃料）	所有规模	挥发性有机物	千克/吨（燃料）	2.91×10⁻²
	天然气、焦炉煤气、高炉煤气、转炉煤气、发生炉煤气、煤层气	所有规模	挥发性有机物	千克/万米³（燃料）	1.83
	液化天然气	所有规模	挥发性有机物	千克/吨（燃料）	2.93×10⁻¹
	炼厂干气、液化石油气	所有规模	挥发性有机物	千克/吨（燃料）	6.88×10⁻¹
	汽油、煤油、柴油、燃料油、原油	所有规模	挥发性有机物	千克/吨（燃料）	1.18×10⁻²
	其他燃料	所有规模	挥发性有机物	千克/吨标准煤	1.77×10⁻²

窑炉类型	燃料类型	规模等级	污染物指标	单位	产污系数
沸腾炉	原煤、炼焦烟煤、一般烟煤、洗精煤（用于炼焦）、其他洗煤、无烟煤、褐煤、煤制品、焦炭、石油焦	所有规模	挥发性有机物	千克/吨（燃料）	1.06×10^{-2}
	生物燃料	所有规模	挥发性有机物	千克/吨标准煤	1.06×10^{-2}
	天然气、焦炉煤气、高炉煤气、转炉煤气、发生炉煤气、煤层气	所有规模	挥发性有机物	千克/万米^3（燃料）	0
	液化天然气	所有规模	挥发性有机物	千克/吨（燃料）	0
	炼厂干气、液化石油气	所有规模	挥发性有机物	千克/吨（燃料）	0
	汽油、煤油、柴油、燃料油、原油、石脑油、润滑油、溶剂油、石蜡、石油沥青	所有规模	挥发性有机物	千克/吨（燃料）	0
热处理炉	原煤、炼焦烟煤、一般烟煤、洗精煤（用于炼焦）、其他洗煤、无烟煤、褐煤、煤制品、焦炭、石油焦	所有规模	挥发性有机物	千克/吨（燃料）	7.13×10^{-3}
	生物燃料	所有规模	挥发性有机物	千克/吨标准煤	7.13×10^{-3}
	天然气、焦炉煤气、高炉煤气、转炉煤气、发生炉煤气、煤层气	所有规模	挥发性有机物	千克/万米^3（燃料）	5.68×10^{-1}
	炼厂干气、液化石油气	所有规模	挥发性有机物	千克/吨（燃料）	6.88×10^{-1}
	液化天然气	所有规模	挥发性有机物	千克/吨（燃料）	1.10×10^{-1}
	汽油、煤油、柴油、燃料油、溶剂油	所有规模	挥发性有机物	千克/吨（燃料）	2.67×10^{-2}
干燥炉（窑）	原煤、炼焦烟煤、一般烟煤、其他洗煤、其他焦化产品、煤矸石（用于燃料）、无烟煤、褐煤、煤制品、焦炭、石油焦	所有规模	挥发性有机物	千克/吨（燃料）	3.60×10^{-2}
	生物燃料	所有规模	挥发性有机物	千克/吨标准煤	3.60×10^{-2}
	天然气、焦炉煤气、高炉煤气、转炉煤气、发生炉煤气、煤层气	所有规模	挥发性有机物	千克/万米^3（燃料）	5.73
	炼厂干气、液化石油气	所有规模	挥发性有机物	千克/吨（燃料）	8.19×10^{-1}
	液化天然气	所有规模	挥发性有机物	千克/吨（燃料）	7.91×10^{-1}
	汽油、煤油、柴油、燃料油、溶剂油	所有规模	挥发性有机物	千克/吨（燃料）	1.40×10^{-1}
焚烧炉	原煤、炼焦烟煤、一般烟煤、无烟煤、褐煤	所有规模	挥发性有机物	千克/吨（燃料）	2.69×10^{-2}
	天然气、焦炉煤气、高炉煤气、转炉煤气、发生炉煤气、煤层气	所有规模	挥发性有机物	千克/万米^3（燃料）	2.34
	炼厂干气、液化石油气	所有规模	挥发性有机物	千克/吨（燃料）	3.34×10^{-1}
	液化天然气	所有规模	挥发性有机物	千克/吨（燃料）	3.34×10^{-1}
	汽油、煤油、柴油、燃料油	所有规模	挥发性有机物	千克/吨（燃料）	2.87×10^{-2}
其他工业炉窑	原煤、炼焦烟煤、一般烟煤、洗精煤、其他洗煤、其他焦化产品、煤矸石（用于燃料）、无烟煤、褐煤、煤制品、焦炭、石油焦	所有规模	挥发性有机物	千克/吨（燃料）	2.91×10^{-2}
其他工业炉窑	天然气、焦炉煤气、高炉煤气、转炉煤气、发生炉煤气、煤层气	所有规模	挥发性有机物	千克/万米^3（燃料）	9.20×10^{-1}
	炼厂干气、液化石油气	所有规模	挥发性有机物	千克/吨（燃料）	1.31×10^{-1}
	液化天然气	所有规模	挥发性有机物	千克/吨（燃料）	1.31×10^{-1}
	汽油、煤油、柴油、燃料油、原油、石脑油、润滑油、溶剂油、石蜡、石油沥青	所有规模	挥发性有机物	千克/吨（燃料）	1.40×10^{-1}

表 6-4　固体物料堆存系数表

序号	物料名称	堆存方式	单位	产污系数
1	褐煤	敞开式	千克/吨堆存量	6.600×10^{-5}
2	石油焦	敞开式	千克/吨堆存量	3.376×10^{-3}
3	油泥	敞开式	千克/吨堆存量	1.933×10^{-2}
4	污泥	敞开式	千克/吨堆存量	8.440×10^{-2}

表 6-5　G103-5、6、7、9 表产污系数表

报表及指标	产污系数名称	系数值	单位
G103-5 指标 37	单位生铁产量 VOCs 产污系数	0.00531	千克/吨
G103-6 指标 33	单位粗钢产量 VOCs 产污系数	0.00318	千克/吨
G103-7 指标 56	单位熟料产量 VOCs 产污系数	0.048	千克/吨
G103-9 指标 43	设备动静密封点 VOCs 产污系数	0.35446	千克/个
G103-9 指标 46	敞开式循环水 VOCs 产污系数	1.24×10^{-3}	千克/米^{3}循环水量

表 6-6　石化企业工艺加热炉挥发性有机物产污系数表

炉窑类型	燃料类型	规模等级	污染物指标	单位	产污系数
加热炉	原煤	所有规模	VOCs	千克/吨	0.0291
加热炉	一般烟煤	所有规模	VOCs	千克/吨	0.0291
加热炉	其他洗煤	所有规模	VOCs	千克/吨	0.0291
加热炉	无烟煤	所有规模	VOCs	千克/吨	0.0291
加热炉	褐煤	所有规模	VOCs	千克/吨	0.0291
加热炉	煤制品	所有规模	VOCs	千克/吨	0.0291
加热炉	焦炭	所有规模	VOCs	千克/吨	0.0291
加热炉	石油焦	所有规模	VOCs	千克/吨	0.0291
加热炉	煤矸石（用于燃料）	所有规模	VOCs	千克/吨	0.0291
加热炉	天然气	所有规模	VOCs	千克/万米^3	1.83
加热炉	焦炉煤气	所有规模	VOCs	千克/万米^3	1.83
加热炉	高炉煤气	所有规模	VOCs	千克/万米^3	1.83
加热炉	转炉煤气	所有规模	VOCs	千克/万米^3	1.83
加热炉	发生炉煤气	所有规模	VOCs	千克/万米^3	1.83
加热炉	煤层气	所有规模	VOCs	千克/万米^3	1.83
加热炉	液化天然气	所有规模	VOCs	千克/吨	0.293
加热炉	炼厂干气	所有规模	VOCs	千克/吨	0.688
加热炉	液化石油气	所有规模	VOCs	千克/吨	0.688
加热炉	汽油	所有规模	VOCs	千克/吨	0.0118
加热炉	煤油	所有规模	VOCs	千克/吨	0.0118
加热炉	柴油	所有规模	VOCs	千克/吨	0.0118
加热炉	燃料油	所有规模	VOCs	千克/吨	0.0118
加热炉	原油	所有规模	VOCs	千克/吨	0.0118
加热炉	其他燃料	所有规模	VOCs	千克/吨标准煤	0.0177

表 6-7　固定顶罐油品挥发性有机物产污系数表（示例）

省份	省份代码	地级市	地级市代码	物料名称	储罐类型	储罐容积 V/米^3	储存温度 T/摄氏度	污染物指标	工作损失排放系数/[千克/吨（周转量）]	静置损失排放系数/（千克/年）
北京市	110000			原油	固定顶罐	$V \leqslant 100$	$T \leqslant 22.5$	VOCs	1.801E-1	65.078
北京市	110000			原油	固定顶罐	$V \leqslant 100$	$22.5 < T \leqslant 27.5$	VOCs	1.988E-1	72.63
北京市	110000			原油	固定顶罐	$V \leqslant 100$	$27.5 < T \leqslant 32.5$	VOCs	2.19E-1	80.97
北京市	110000			原油	固定顶罐	$V \leqslant 100$	$32.5 < T \leqslant 37.5$	VOCs	2.409E-1	90.182
北京市	110000			原油	固定顶罐	$V \leqslant 100$	$37.5 < T \leqslant 42.5$	VOCs	2.644E-1	100.359
北京市	110000			原油	固定顶罐	$V \leqslant 100$	$42.5 < T \leqslant 47.5$	VOCs	2.896E-1	111.611
北京市	110000			原油	固定顶罐	$V \leqslant 100$	$47.5 < T \leqslant 52.5$	VOCs	3.167E-1	124.068
北京市	110000			原油	固定顶罐	$V \leqslant 100$	$52.5 < T \leqslant 57.5$	VOCs	3.458E-1	137.886
北京市	110000			原油	固定顶罐	$V \leqslant 100$	$T > 57.5$	VOCs	3.769E-1	153.253
北京市	110000			原油	固定顶罐	$V \leqslant 100$	常温	VOCs	1.6E-1	57.147
北京市	110000			原油	固定顶罐	$100 < V \leqslant 200$	$T \leqslant 22.5$	VOCs	1.801E-1	122.861
北京市	110000			原油	固定顶罐	$100 < V \leqslant 200$	$22.5 < T \leqslant 27.5$	VOCs	1.988E-1	136.464
北京市	110000			原油	固定顶罐	$100 < V \leqslant 200$	$27.5 < T \leqslant 32.5$	VOCs	2.19E-1	151.386
北京市	110000			原油	固定顶罐	$100 < V \leqslant 200$	$32.5 < T \leqslant 37.5$	VOCs	2.409E-1	167.757
北京市	110000			原油	固定顶罐	$100 < V \leqslant 200$	$37.5 < T \leqslant 42.5$	VOCs	2.644E-1	185.725
北京市	110000			原油	固定顶罐	$100 < V \leqslant 200$	$42.5 < T \leqslant 47.5$	VOCs	2.896E-1	205.467
北京市	110000			原油	固定顶罐	$100 < V \leqslant 200$	$47.5 < T \leqslant 52.5$	VOCs	3.167E-1	227.191
北京市	110000			原油	固定顶罐	$100 < V \leqslant 200$	$52.5 < T \leqslant 57.5$	VOCs	3.458E-1	251.151
北京市	110000			原油	固定顶罐	$100 < V \leqslant 200$	$T > 57.5$	VOCs	3.769E-1	277.656
北京市	110000			原油	固定顶罐	$100 < V \leqslant 200$	常温	VOCs	1.6E-1	108.47
北京市	110000			原油	固定顶罐	$200 < V \leqslant 300$	$T \leqslant 22.5$	VOCs	1.801E-1	177.532
北京市	110000			原油	固定顶罐	$200 < V \leqslant 300$	$22.5 < T \leqslant 27.5$	VOCs	1.988E-1	196.588
北京市	110000			原油	固定顶罐	$200 < V \leqslant 300$	$27.5 < T \leqslant 32.5$	VOCs	2.19E-1	217.405
北京市	110000			原油	固定顶罐	$200 < V \leqslant 300$	$32.5 < T \leqslant 37.5$	VOCs	2.409E-1	240.151
北京市	110000			原油	固定顶罐	$200 < V \leqslant 300$	$37.5 < T \leqslant 42.5$	VOCs	2.644E-1	265.019
北京市	110000			原油	固定顶罐	$200 < V \leqslant 300$	$42.5 < T \leqslant 47.5$	VOCs	2.896E-1	292.242
北京市	110000			原油	固定顶罐	$200 < V \leqslant 300$	$47.5 < T \leqslant 52.5$	VOCs	3.167E-1	322.095
北京市	110000			原油	固定顶罐	$200 < V \leqslant 300$	$52.5 < T \leqslant 57.5$	VOCs	3.458E-1	354.914
北京市	110000			原油	固定顶罐	$200 < V \leqslant 300$	$T > 57.5$	VOCs	3.769E-1	391.113
北京市	110000			原油	固定顶罐	$200 < V \leqslant 300$	常温	VOCs	1.6E-1	157.281
北京市	110000			原油	固定顶罐	$300 < V \leqslant 400$	$T \leqslant 22.5$	VOCs	1.801E-1	229.502
北京市	110000			原油	固定顶罐	$300 < V \leqslant 400$	$22.5 < T \leqslant 27.5$	VOCs	1.988E-1	253.566

省份	省份代码	地级市	地级市代码	物料名称	储罐类型	储罐容积 V/米³	储存温度 T/摄氏度	污染物指标	工作损失排放系数/[千克/吨（周转量）]	静置损失排放系数/（千克/年）
北京市	110000			原油	固定顶罐	300<V≤400	27.5<T≤32.5	VOCs	2.19E-1	279.777
北京市	110000			原油	固定顶罐	300<V≤400	32.5<T≤37.5	VOCs	2.409E-1	308.334
北京市	110000			原油	固定顶罐	300<V≤400	37.5<T≤42.5	VOCs	2.644E-1	339.472
北京市	110000			原油	固定顶罐	300<V≤400	42.5<T≤47.5	VOCs	2.896E-1	373.471
北京市	110000			原油	固定顶罐	300<V≤400	47.5<T≤52.5	VOCs	3.167E-1	410.666
北京市	110000			原油	固定顶罐	300<V≤400	52.5<T≤57.5	VOCs	3.458E-1	451.469
北京市	110000			原油	固定顶罐	300<V≤400	T>57.5	VOCs	3.769E-1	496.387
北京市	110000			原油	固定顶罐	300<V≤400	常温	VOCs	1.6E-1	203.843
北京市	110000			原油	固定顶罐	400<V≤500	T≤22.5	VOCs	1.801E-1	282.817
北京市	110000			原油	固定顶罐	400<V≤500	22.5<T≤27.5	VOCs	1.988E-1	311.88
北京市	110000			原油	固定顶罐	400<V≤500	27.5<T≤32.5	VOCs	2.19E-1	343.458
北京市	110000			原油	固定顶罐	400<V≤500	32.5<T≤37.5	VOCs	2.409E-1	377.783
北京市	110000			原油	固定顶罐	400<V≤500	37.5<T≤42.5	VOCs	2.644E-1	415.129
北京市	110000			原油	固定顶罐	400<V≤500	42.5<T≤47.5	VOCs	2.896E-1	455.821
北京市	110000			原油	固定顶罐	400<V≤500	47.5<T≤52.5	VOCs	3.167E-1	500.257
北京市	110000			原油	固定顶罐	400<V≤500	52.5<T≤57.5	VOCs	3.458E-1	548.921
北京市	110000			原油	固定顶罐	400<V≤500	T>57.5	VOCs	3.769E-1	602.41
北京市	110000			原油	固定顶罐	400<V≤500	常温	VOCs	1.6E-1	251.744
北京市	110000			原油	固定顶罐	500<V≤600	T≤22.5	VOCs	1.801E-1	331.472
北京市	110000			原油	固定顶罐	500<V≤600	22.5<T≤27.5	VOCs	1.988E-1	365.087
北京市	110000			原油	固定顶罐	500<V≤600	27.5<T≤32.5	VOCs	2.19E-1	401.554
北京市	110000			原油	固定顶罐	500<V≤600	32.5<T≤37.5	VOCs	2.409E-1	441.136
北京市	110000			原油	固定顶罐	500<V≤600	37.5<T≤42.5	VOCs	2.644E-1	484.141
北京市	110000			原油	固定顶罐	500<V≤600	42.5<T≤47.5	VOCs	2.896E-1	530.942
北京市	110000			原油	固定顶罐	500<V≤600	47.5<T≤52.5	VOCs	3.167E-1	581.989
北京市	110000			原油	固定顶罐	500<V≤600	52.5<T≤57.5	VOCs	3.458E-1	637.834
北京市	110000			原油	固定顶罐	500<V≤600	T>57.5	VOCs	3.769E-1	699.163
北京市	110000			原油	固定顶罐	500<V≤600	常温	VOCs	1.6E-1	295.469
北京市	110000			原油	固定顶罐	600<V≤700	T≤22.5	VOCs	1.801E-1	389.923
北京市	110000			原油	固定顶罐	600<V≤700	22.5<T≤27.5	VOCs	1.988E-1	429.132
北京市	110000			原油	固定顶罐	600<V≤700	27.5<T≤32.5	VOCs	2.19E-1	471.627
北京市	110000			原油	固定顶罐	600<V≤700	32.5<T≤37.5	VOCs	2.409E-1	517.709
北京市	110000			原油	固定顶罐	600<V≤700	37.5<T≤42.5	VOCs	2.644E-1	567.735
北京市	110000			原油	固定顶罐	600<V≤700	42.5<T≤47.5	VOCs	2.896E-1	622.133

省份	省份代码	地级市	地级市代码	物料名称	储罐类型	储罐容积 V/米³	储存温度 T/摄氏度	污染物指标	工作损失排放系数/[千克/吨（周转量）]	静置损失排放系数/（千克/年）
北京市	110000			原油	固定顶罐	$600<V\leqslant700$	$47.5<T\leqslant52.5$	VOCs	3.167E-1	681.425
北京市	110000			原油	固定顶罐	$600<V\leqslant700$	$52.5<T\leqslant57.5$	VOCs	3.458E-1	746.25
北京市	110000			原油	固定顶罐	$600<V\leqslant700$	$T>57.5$	VOCs	3.769E-1	817.401
北京市	110000			原油	固定顶罐	$600<V\leqslant700$	常温	VOCs	1.6E-1	347.883
北京市	110000			原油	固定顶罐	$700<V\leqslant800$	$T\leqslant22.5$	VOCs	1.801E-1	429.523
北京市	110000			原油	固定顶罐	$700<V\leqslant800$	$22.5<T\leqslant27.5$	VOCs	1.988E-1	471.99
北京市	110000			原油	固定顶罐	$700<V\leqslant800$	$27.5<T\leqslant32.5$	VOCs	2.19E-1	517.931
北京市	110000			原油	固定顶罐	$700<V\leqslant800$	$32.5<T\leqslant37.5$	VOCs	2.409E-1	567.662
北京市	110000			原油	固定顶罐	$700<V\leqslant800$	$37.5<T\leqslant42.5$	VOCs	2.644E-1	621.56
北京市	110000			原油	固定顶罐	$700<V\leqslant800$	$42.5<T\leqslant47.5$	VOCs	2.896E-1	680.082
北京市	110000			原油	固定顶罐	$700<V\leqslant800$	$47.5<T\leqslant52.5$	VOCs	3.167E-1	743.784
北京市	110000			原油	固定顶罐	$700<V\leqslant800$	$52.5<T\leqslant57.5$	VOCs	3.458E-1	813.35
北京市	110000			原油	固定顶罐	$700<V\leqslant800$	$T>57.5$	VOCs	3.769E-1	889.626
北京市	110000			原油	固定顶罐	$700<V\leqslant800$	常温	VOCs	1.6E-1	383.891
北京市	110000			原油	固定顶罐	$800<V\leqslant1000$	$T\leqslant22.5$	VOCs	1.801E-1	535.356
北京市	110000			原油	固定顶罐	$800<V\leqslant1000$	$22.5<T\leqslant27.5$	VOCs	1.988E-1	587.362
北京市	110000			原油	固定顶罐	$800<V\leqslant1000$	$27.5<T\leqslant32.5$	VOCs	2.19E-1	643.518
北京市	110000			原油	固定顶罐	$800<V\leqslant1000$	$32.5<T\leqslant37.5$	VOCs	2.409E-1	704.2
北京市	110000			原油	固定顶罐	$800<V\leqslant1000$	$37.5<T\leqslant42.5$	VOCs	2.644E-1	769.862
北京市	110000			原油	固定顶罐	$800<V\leqslant1000$	$42.5<T\leqslant47.5$	VOCs	2.896E-1	841.053
北京市	110000			原油	固定顶罐	$800<V\leqslant1000$	$47.5<T\leqslant52.5$	VOCs	3.167E-1	918.446
北京市	110000			原油	固定顶罐	$800<V\leqslant1000$	$52.5<T\leqslant57.5$	VOCs	3.458E-1	1002.866
北京市	110000			原油	固定顶罐	$800<V\leqslant1000$	$T>57.5$	VOCs	3.769E-1	1095.342
北京市	110000			原油	固定顶罐	$800<V\leqslant1000$	常温	VOCs	1.6E-1	479.352
北京市	110000			原油	固定顶罐	$1000<V\leqslant1500$	$T\leqslant22.5$	VOCs	1.801E-1	786.47
北京市	110000			原油	固定顶罐	$1000<V\leqslant1500$	$22.5<T\leqslant27.5$	VOCs	1.988E-1	860.498
北京市	110000			原油	固定顶罐	$1000<V\leqslant1500$	$27.5<T\leqslant32.5$	VOCs	2.19E-1	940.177
北京市	110000			原油	固定顶罐	$1000<V\leqslant1500$	$32.5<T\leqslant37.5$	VOCs	2.409E-1	1026.028
北京市	110000			原油	固定顶罐	$1000<V\leqslant1500$	$37.5<T\leqslant42.5$	VOCs	2.644E-1	1118.677
北京市	110000			原油	固定顶罐	$1000<V\leqslant1500$	$42.5<T\leqslant47.5$	VOCs	2.896E-1	1218.89
北京市	110000			原油	固定顶罐	$1000<V\leqslant1500$	$47.5<T\leqslant52.5$	VOCs	3.167E-1	1327.607
北京市	110000			原油	固定顶罐	$1000<V\leqslant1500$	$52.5<T\leqslant57.5$	VOCs	3.458E-1	1445.986
北京市	110000			原油	固定顶罐	$1000<V\leqslant1500$	$T>57.5$	VOCs	3.769E-1	1575.469
北京市	110000			原油	固定顶罐	$1000<V\leqslant1500$	常温	VOCs	1.6E-1	706.458

省份	省份代码	地级市	地级市代码	物料名称	储罐类型	储罐容积 V/米³	储存温度 T/摄氏度	污染物指标	工作损失排放系数/[千克/吨（周转量）]	静置损失排放系数/（千克/年）
北京市	110000			原油	固定顶罐	1500<V≤2000	T≤22.5	VOCs	1.801E-1	1106.908
北京市	110000			原油	固定顶罐	1500<V≤2000	22.5<T≤27.5	VOCs	1.988E-1	1209.48
北京市	110000			原油	固定顶罐	1500<V≤2000	27.5<T≤32.5	VOCs	2.19E-1	1319.72
北京市	110000			原油	固定顶罐	1500<V≤2000	32.5<T≤37.5	VOCs	2.409E-1	1438.337
北京市	110000			原油	固定顶罐	1500<V≤2000	37.5<T≤42.5	VOCs	2.644E-1	1566.191
北京市	110000			原油	固定顶罐	1500<V≤2000	42.5<T≤47.5	VOCs	2.896E-1	1704.337
北京市	110000			原油	固定顶罐	1500<V≤2000	47.5<T≤52.5	VOCs	3.167E-1	1854.066
北京市	110000			原油	固定顶罐	1500<V≤2000	52.5<T≤57.5	VOCs	3.458E-1	2016.978
北京市	110000			原油	固定顶罐	1500<V≤2000	T>57.5	VOCs	3.769E-1	2195.059
北京市	110000			原油	固定顶罐	1500<V≤2000	常温	VOCs	1.6E-1	995.851
北京市	110000			原油	固定顶罐	2000<V≤3000	T≤22.5	VOCs	1.801E-1	1674.85
北京市	110000			原油	固定顶罐	2000<V≤3000	22.5<T≤27.5	VOCs	1.988E-1	1825.484
北京市	110000			原油	固定顶罐	2000<V≤3000	27.5<T≤32.5	VOCs	2.19E-1	1986.946
北京市	110000			原油	固定顶罐	2000<V≤3000	32.5<T≤37.5	VOCs	2.409E-1	2160.258
北京市	110000			原油	固定顶罐	2000<V≤3000	37.5<T≤42.5	VOCs	2.644E-1	2346.67
北京市	110000			原油	固定顶罐	2000<V≤3000	42.5<T≤47.5	VOCs	2.896E-1	2547.714
北京市	110000			原油	固定顶罐	2000<V≤3000	47.5<T≤52.5	VOCs	3.167E-1	2765.276
北京市	110000			原油	固定顶罐	2000<V≤3000	52.5<T≤57.5	VOCs	3.458E-1	3001.687
北京市	110000			原油	固定顶罐	2000<V≤3000	T>57.5	VOCs	3.769E-1	3259.847
北京市	110000			原油	固定顶罐	2000<V≤3000	常温	VOCs	1.6E-1	1511.238
北京市	110000			原油	固定顶罐	3000<V≤5000	T≤22.5	VOCs	1.801E-1	2835.135
北京市	110000			原油	固定顶罐	3000<V≤5000	22.5<T≤27.5	VOCs	1.988E-1	3078.798
北京市	110000			原油	固定顶罐	3000<V≤5000	27.5<T≤32.5	VOCs	2.19E-1	3339.022
北京市	110000			原油	固定顶罐	3000<V≤5000	32.5<T≤37.5	VOCs	2.409E-1	3617.441
北京市	110000			原油	固定顶罐	3000<V≤5000	37.5<T≤42.5	VOCs	2.644E-1	3916.067
北京市	110000			原油	固定顶罐	3000<V≤5000	42.5<T≤47.5	VOCs	2.896E-1	4237.373
北京市	110000			原油	固定顶罐	3000<V≤5000	47.5<T≤52.5	VOCs	3.167E-1	4584.407
北京市	110000			原油	固定顶罐	3000<V≤5000	52.5<T≤57.5	VOCs	3.458E-1	4960.935
北京市	110000			原油	固定顶罐	3000<V≤5000	T>57.5	VOCs	3.769E-1	5371.629
北京市	110000			原油	固定顶罐	3000<V≤5000	常温	VOCs	1.6E-1	2569.301
北京市	110000			原油	固定顶罐	5000<V≤10000	T≤22.5	VOCs	1.801E-1	5381.682
北京市	110000			原油	固定顶罐	5000<V≤10000	22.5<T≤27.5	VOCs	1.988E-1	5811.407
北京市	110000			原油	固定顶罐	5000<V≤10000	27.5<T≤32.5	VOCs	2.19E-1	6268.081
北京市	110000			原油	固定顶罐	5000<V≤10000	32.5<T≤37.5	VOCs	2.409E-1	6754.646

省份	省份代码	地级市	地级市代码	物料名称	储罐类型	储罐容积 V/米^3	储存温度 T/摄氏度	污染物指标	工作损失排放系数/[千克/吨（周转量）]	静置损失排放系数/（千克/年）
北京市	110000			原油	固定顶罐	$5000<V\le10000$	$37.5<T\le42.5$	VOCs	2.644E-1	7274.722
北京市	110000			原油	固定顶罐	$5000<V\le10000$	$42.5<T\le47.5$	VOCs	2.896E-1	7832.757
北京市	110000			原油	固定顶罐	$5000<V\le10000$	$47.5<T\le52.5$	VOCs	3.167E-1	8434.213
北京市	110000			原油	固定顶罐	$5000<V\le10000$	$52.5<T\le57.5$	VOCs	3.458E-1	9085.812
北京市	110000			原油	固定顶罐	$5000<V\le10000$	$T>57.5$	VOCs	3.769E-1	9795.861
北京市	110000			原油	固定顶罐	$5000<V\le10000$	常温	VOCs	1.6E-1	4909.956
北京市	110000			原油	固定顶罐	$10000<V\le20000$	$T\le22.5$	VOCs	1.801E-1	10948.127
北京市	110000			原油	固定顶罐	$10000<V\le20000$	$22.5<T\le27.5$	VOCs	1.988E-1	11749.971
北京市	110000			原油	固定顶罐	$10000<V\le20000$	$27.5<T\le32.5$	VOCs	2.19E-1	12598.501
北京市	110000			原油	固定顶罐	$10000<V\le20000$	$32.5<T\le37.5$	VOCs	2.409E-1	13499.549
北京市	110000			原油	固定顶罐	$10000<V\le20000$	$37.5<T\le42.5$	VOCs	2.644E-1	14460.246
北京市	110000			原油	固定顶罐	$10000<V\le20000$	$42.5<T\le47.5$	VOCs	2.896E-1	15489.275
北京市	110000			原油	固定顶罐	$10000<V\le20000$	$47.5<T\le52.5$	VOCs	3.167E-1	16597.211
北京市	110000			原油	固定顶罐	$10000<V\le20000$	$52.5<T\le57.5$	VOCs	3.458E-1	17796.968
北京市	110000			原油	固定顶罐	$10000<V\le20000$	$T>57.5$	VOCs	3.769E-1	19104.398
北京市	110000			原油	固定顶罐	$10000<V\le20000$	常温	VOCs	1.6E-1	10062.929
北京市	110000			原油	固定顶罐	$20000<V\le30000$	$T\le22.5$	VOCs	1.801E-1	12599.399
北京市	110000			原油	固定顶罐	$20000<V\le30000$	$22.5<T\le27.5$	VOCs	1.988E-1	13481.15
北京市	110000			原油	固定顶罐	$20000<V\le30000$	$27.5<T\le32.5$	VOCs	2.19E-1	14412.773
北京市	110000			原油	固定顶罐	$20000<V\le30000$	$32.5<T\le37.5$	VOCs	2.409E-1	15400.96
北京市	110000			原油	固定顶罐	$20000<V\le30000$	$37.5<T\le42.5$	VOCs	2.644E-1	16453.832
北京市	110000			原油	固定顶罐	$20000<V\le30000$	$42.5<T\le47.5$	VOCs	2.896E-1	17581.221
北京市	110000			原油	固定顶罐	$20000<V\le30000$	$47.5<T\le52.5$	VOCs	3.167E-1	18795.033
北京市	110000			原油	固定顶罐	$20000<V\le30000$	$52.5<T\le57.5$	VOCs	3.458E-1	20109.746
北京市	110000			原油	固定顶罐	$20000<V\le30000$	$T>57.5$	VOCs	3.769E-1	21543.064
北京市	110000			原油	固定顶罐	$20000<V\le30000$	常温	VOCs	1.6E-1	11623.774
北京市	110000			燃料油	固定顶罐	$V\le100$	$T\le2.5$	VOCs	1.543E-3	0.28
北京市	110000			燃料油	固定顶罐	$V\le100$	$2.5<T\le7.5$	VOCs	1.891E-3	0.338
北京市	110000			燃料油	固定顶罐	$V\le100$	$7.5<T\le12.5$	VOCs	2.307E-3	0.405
北京市	110000			燃料油	固定顶罐	$V\le100$	$12.5<T\le17.5$	VOCs	2.805E-3	0.485
北京市	110000			燃料油	固定顶罐	$V\le100$	$17.5<T\le22.5$	VOCs	3.396E-3	0.578
北京市	110000			燃料油	固定顶罐	$V\le100$	$22.5<T\le27.5$	VOCs	4.096E-3	0.686
北京市	110000			燃料油	固定顶罐	$V\le100$	$27.5<T\le32.5$	VOCs	4.924E-3	0.812
北京市	110000			燃料油	固定顶罐	$V\le100$	$32.5<T\le37.5$	VOCs	5.897E-3	0.957

省份	省份代码	地级市	地级市代码	物料名称	储罐类型	储罐容积 V/米³	储存温度 T/摄氏度	污染物指标	工作损失排放系数/[千克/吨（周转量）]	静置损失排放系数/（千克/年）
北京市	110000			燃料油	固定顶罐	$V{\leq}100$	$T{>}37.5$	VOCs	7.039E-3	1.126
北京市	110000			燃料油	固定顶罐	$V{\leq}100$	常温	VOCs	2.714E-3	0.47
北京市	110000			燃料油	固定顶罐	$100{<}V{\leq}200$	$T{\leq}2.5$	VOCs	1.543E-3	0.56
北京市	110000			燃料油	固定顶罐	$100{<}V{\leq}200$	$2.5{<}T{\leq}7.5$	VOCs	1.891E-3	0.675
北京市	110000			燃料油	固定顶罐	$100{<}V{\leq}200$	$7.5{<}T{\leq}12.5$	VOCs	2.307E-3	0.81
北京市	110000			燃料油	固定顶罐	$100{<}V{\leq}200$	$12.5{<}T{\leq}17.5$	VOCs	2.805E-3	0.968
北京市	110000			燃料油	固定顶罐	$100{<}V{\leq}200$	$17.5{<}T{\leq}22.5$	VOCs	3.396E-3	1.154
北京市	110000			燃料油	固定顶罐	$100{<}V{\leq}200$	$22.5{<}T{\leq}27.5$	VOCs	4.096E-3	1.37
北京市	110000			燃料油	固定顶罐	$100{<}V{\leq}200$	$27.5{<}T{\leq}32.5$	VOCs	4.924E-3	1.621
北京市	110000			燃料油	固定顶罐	$100{<}V{\leq}200$	$32.5{<}T{\leq}37.5$	VOCs	5.897E-3	1.912
北京市	110000			燃料油	固定顶罐	$100{<}V{\leq}200$	$T{>}37.5$	VOCs	7.039E-3	2.248
北京市	110000			燃料油	固定顶罐	$100{<}V{\leq}200$	常温	VOCs	2.714E-3	0.94
北京市	110000			燃料油	固定顶罐	$200{<}V{\leq}300$	$T{\leq}2.5$	VOCs	1.543E-3	0.84
北京市	110000			燃料油	固定顶罐	$200{<}V{\leq}300$	$2.5{<}T{\leq}7.5$	VOCs	1.891E-3	1.013
北京市	110000			燃料油	固定顶罐	$200{<}V{\leq}300$	$7.5{<}T{\leq}12.5$	VOCs	2.307E-3	1.216
北京市	110000			燃料油	固定顶罐	$200{<}V{\leq}300$	$12.5{<}T{\leq}17.5$	VOCs	2.805E-3	1.454
北京市	110000			燃料油	固定顶罐	$200{<}V{\leq}300$	$17.5{<}T{\leq}22.5$	VOCs	3.396E-3	1.732
北京市	110000			燃料油	固定顶罐	$200{<}V{\leq}300$	$22.5{<}T{\leq}27.5$	VOCs	4.096E-3	2.056
北京市	110000			燃料油	固定顶罐	$200{<}V{\leq}300$	$27.5{<}T{\leq}32.5$	VOCs	4.924E-3	2.433
北京市	110000			燃料油	固定顶罐	$200{<}V{\leq}300$	$32.5{<}T{\leq}37.5$	VOCs	5.897E-3	2.869
北京市	110000			燃料油	固定顶罐	$200{<}V{\leq}300$	$T{>}37.5$	VOCs	7.039E-3	3.373
北京市	110000			燃料油	固定顶罐	$200{<}V{\leq}300$	常温	VOCs	2.714E-3	1.41
北京市	110000			燃料油	固定顶罐	$300{<}V{\leq}400$	$T{\leq}2.5$	VOCs	1.543E-3	1.119
北京市	110000			燃料油	固定顶罐	$300{<}V{\leq}400$	$2.5{<}T{\leq}7.5$	VOCs	1.891E-3	1.348
北京市	110000			燃料油	固定顶罐	$300{<}V{\leq}400$	$7.5{<}T{\leq}12.5$	VOCs	2.307E-3	1.618
北京市	110000			燃料油	固定顶罐	$300{<}V{\leq}400$	$12.5{<}T{\leq}17.5$	VOCs	2.805E-3	1.934
北京市	110000			燃料油	固定顶罐	$300{<}V{\leq}400$	$17.5{<}T{\leq}22.5$	VOCs	3.396E-3	2.304
北京市	110000			燃料油	固定顶罐	$300{<}V{\leq}400$	$22.5{<}T{\leq}27.5$	VOCs	4.096E-3	2.736
北京市	110000			燃料油	固定顶罐	$300{<}V{\leq}400$	$27.5{<}T{\leq}32.5$	VOCs	4.924E-3	3.237
北京市	110000			燃料油	固定顶罐	$300{<}V{\leq}400$	$32.5{<}T{\leq}37.5$	VOCs	5.897E-3	3.817
北京市	110000			燃料油	固定顶罐	$300{<}V{\leq}400$	$T{>}37.5$	VOCs	7.039E-3	4.488
北京市	110000			燃料油	固定顶罐	$300{<}V{\leq}400$	常温	VOCs	2.714E-3	1.877
北京市	110000			燃料油	固定顶罐	$400{<}V{\leq}500$	$T{\leq}2.5$	VOCs	1.543E-3	1.414
北京市	110000			燃料油	固定顶罐	$400{<}V{\leq}500$	$2.5{<}T{\leq}7.5$	VOCs	1.891E-3	1.703

省份	省份代码	地级市	地级市代码	物料名称	储罐类型	储罐容积 V/米^3	储存温度 T/摄氏度	污染物指标	工作损失排放系数/[千克/吨(周转量)]	静置损失排放系数/(千克/年)
北京市	110000			燃料油	固定顶罐	$400 < V \leqslant 500$	$7.5 < T \leqslant 12.5$	VOCs	2.307E-3	2.044
北京市	110000			燃料油	固定顶罐	$400 < V \leqslant 500$	$12.5 < T \leqslant 17.5$	VOCs	2.805E-3	2.444
北京市	110000			燃料油	固定顶罐	$400 < V \leqslant 500$	$17.5 < T \leqslant 22.5$	VOCs	3.396E-3	2.912
北京市	110000			燃料油	固定顶罐	$400 < V \leqslant 500$	$22.5 < T \leqslant 27.5$	VOCs	4.096E-3	3.457
北京市	110000			燃料油	固定顶罐	$400 < V \leqslant 500$	$27.5 < T \leqslant 32.5$	VOCs	4.924E-3	4.09
北京市	110000			燃料油	固定顶罐	$400 < V \leqslant 500$	$32.5 < T \leqslant 37.5$	VOCs	5.897E-3	4.823
北京市	110000			燃料油	固定顶罐	$400 < V \leqslant 500$	$T > 37.5$	VOCs	7.039E-3	5.67
北京市	110000			燃料油	固定顶罐	$400 < V \leqslant 500$	常温	VOCs	2.714E-3	2.372
北京市	110000			燃料油	固定顶罐	$500 < V \leqslant 600$	$T \leqslant 2.5$	VOCs	1.543E-3	1.685
北京市	110000			燃料油	固定顶罐	$500 < V \leqslant 600$	$2.5 < T \leqslant 7.5$	VOCs	1.891E-3	2.03
北京市	110000			燃料油	固定顶罐	$500 < V \leqslant 600$	$7.5 < T \leqslant 12.5$	VOCs	2.307E-3	2.436
北京市	110000			燃料油	固定顶罐	$500 < V \leqslant 600$	$12.5 < T \leqslant 17.5$	VOCs	2.805E-3	2.913
北京市	110000			燃料油	固定顶罐	$500 < V \leqslant 600$	$17.5 < T \leqslant 22.5$	VOCs	3.396E-3	3.47
北京市	110000			燃料油	固定顶罐	$500 < V \leqslant 600$	$22.5 < T \leqslant 27.5$	VOCs	4.096E-3	4.12
北京市	110000			燃料油	固定顶罐	$500 < V \leqslant 600$	$27.5 < T \leqslant 32.5$	VOCs	4.924E-3	4.874
北京市	110000			燃料油	固定顶罐	$500 < V \leqslant 600$	$32.5 < T \leqslant 37.5$	VOCs	5.897E-3	5.747
北京市	110000			燃料油	固定顶罐	$500 < V \leqslant 600$	$T > 37.5$	VOCs	7.039E-3	6.756
北京市	110000			燃料油	固定顶罐	$500 < V \leqslant 600$	常温	VOCs	2.714E-3	2.827
北京市	110000			燃料油	固定顶罐	$600 < V \leqslant 700$	$T \leqslant 2.5$	VOCs	1.543E-3	2.003
北京市	110000			燃料油	固定顶罐	$600 < V \leqslant 700$	$2.5 < T \leqslant 7.5$	VOCs	1.891E-3	2.414
北京市	110000			燃料油	固定顶罐	$600 < V \leqslant 700$	$7.5 < T \leqslant 12.5$	VOCs	2.307E-3	2.897
北京市	110000			燃料油	固定顶罐	$600 < V \leqslant 700$	$12.5 < T \leqslant 17.5$	VOCs	2.805E-3	3.464
北京市	110000			燃料油	固定顶罐	$600 < V \leqslant 700$	$17.5 < T \leqslant 22.5$	VOCs	3.396E-3	4.126
北京市	110000			燃料油	固定顶罐	$600 < V \leqslant 700$	$22.5 < T \leqslant 27.5$	VOCs	4.096E-3	4.898
北京市	110000			燃料油	固定顶罐	$600 < V \leqslant 700$	$27.5 < T \leqslant 32.5$	VOCs	4.924E-3	5.795
北京市	110000			燃料油	固定顶罐	$600 < V \leqslant 700$	$32.5 < T \leqslant 37.5$	VOCs	5.897E-3	6.833
北京市	110000			燃料油	固定顶罐	$600 < V \leqslant 700$	$T > 37.5$	VOCs	7.039E-3	8.032
北京市	110000			燃料油	固定顶罐	$600 < V \leqslant 700$	常温	VOCs	2.714E-3	3.361
北京市	110000			燃料油	固定顶罐	$700 < V \leqslant 800$	$T \leqslant 2.5$	VOCs	1.543E-3	2.255
北京市	110000			燃料油	固定顶罐	$700 < V \leqslant 800$	$2.5 < T \leqslant 7.5$	VOCs	1.891E-3	2.717
北京市	110000			燃料油	固定顶罐	$700 < V \leqslant 800$	$7.5 < T \leqslant 12.5$	VOCs	2.307E-3	3.261
北京市	110000			燃料油	固定顶罐	$700 < V \leqslant 800$	$12.5 < T \leqslant 17.5$	VOCs	2.805E-3	3.899
北京市	110000			燃料油	固定顶罐	$700 < V \leqslant 800$	$17.5 < T \leqslant 22.5$	VOCs	3.396E-3	4.644
北京市	110000			燃料油	固定顶罐	$700 < V \leqslant 800$	$22.5 < T \leqslant 27.5$	VOCs	4.096E-3	5.513

省份	省份代码	地级市	地级市代码	物料名称	储罐类型	储罐容积 V/米³	储存温度 T/摄氏度	污染物指标	工作损失排放系数/[千克/吨（周转量）]	静置损失排放系数/（千克/年）
北京市	110000			燃料油	固定顶罐	700<V≤800	27.5<T≤32.5	VOCs	4.924E-3	6.521
北京市	110000			燃料油	固定顶罐	700<V≤800	32.5<T≤37.5	VOCs	5.897E-3	7.689
北京市	110000			燃料油	固定顶罐	700<V≤800	T>37.5	VOCs	7.039E-3	9.038
北京市	110000			燃料油	固定顶罐	700<V≤800	常温	VOCs	2.714E-3	3.783
北京市	110000			燃料油	固定顶罐	800<V≤1000	T≤2.5	VOCs	1.543E-3	2.875
北京市	110000			燃料油	固定顶罐	800<V≤1000	2.5<T≤7.5	VOCs	1.891E-3	3.464
北京市	110000			燃料油	固定顶罐	800<V≤1000	7.5<T≤12.5	VOCs	2.307E-3	4.157
北京市	110000			燃料油	固定顶罐	800<V≤1000	12.5<T≤17.5	VOCs	2.805E-3	4.97
北京市	110000			燃料油	固定顶罐	800<V≤1000	17.5<T≤22.5	VOCs	3.396E-3	5.92
北京市	110000			燃料油	固定顶罐	800<V≤1000	22.5<T≤27.5	VOCs	4.096E-3	7.027
北京市	110000			燃料油	固定顶罐	800<V≤1000	27.5<T≤32.5	VOCs	4.924E-3	8.313
北京市	110000			燃料油	固定顶罐	800<V≤1000	32.5<T≤37.5	VOCs	5.897E-3	9.801
北京市	110000			燃料油	固定顶罐	800<V≤1000	T>37.5	VOCs	7.039E-3	11.519
北京市	110000			燃料油	固定顶罐	800<V≤1000	常温	VOCs	2.714E-3	4.823
北京市	110000			燃料油	固定顶罐	1000<V≤1500	T≤2.5	VOCs	1.543E-3	4.401
北京市	110000			燃料油	固定顶罐	1000<V≤1500	2.5<T≤7.5	VOCs	1.891E-3	5.302
北京市	110000			燃料油	固定顶罐	1000<V≤1500	7.5<T≤12.5	VOCs	2.307E-3	6.363
北京市	110000			燃料油	固定顶罐	1000<V≤1500	12.5<T≤17.5	VOCs	2.805E-3	7.607
北京市	110000			燃料油	固定顶罐	1000<V≤1500	17.5<T≤22.5	VOCs	3.396E-3	9.06
北京市	110000			燃料油	固定顶罐	1000<V≤1500	22.5<T≤27.5	VOCs	4.096E-3	10.753
北京市	110000			燃料油	固定顶罐	1000<V≤1500	27.5<T≤32.5	VOCs	4.924E-3	12.719
北京市	110000			燃料油	固定顶罐	1000<V≤1500	32.5<T≤37.5	VOCs	5.897E-3	14.995
北京市	110000			燃料油	固定顶罐	1000<V≤1500	T>37.5	VOCs	7.039E-3	17.621
北京市	110000			燃料油	固定顶罐	1000<V≤1500	常温	VOCs	2.714E-3	7.381
北京市	110000			燃料油	固定顶罐	1500<V≤2000	T≤2.5	VOCs	1.543E-3	6.323
北京市	110000			燃料油	固定顶罐	1500<V≤2000	2.5<T≤7.5	VOCs	1.891E-3	7.617
北京市	110000			燃料油	固定顶罐	1500<V≤2000	7.5<T≤12.5	VOCs	2.307E-3	9.141
北京市	110000			燃料油	固定顶罐	1500<V≤2000	12.5<T≤17.5	VOCs	2.805E-3	10.928
北京市	110000			燃料油	固定顶罐	1500<V≤2000	17.5<T≤22.5	VOCs	3.396E-3	13.016
北京市	110000			燃料油	固定顶罐	1500<V≤2000	22.5<T≤27.5	VOCs	4.096E-3	15.447
北京市	110000			燃料油	固定顶罐	1500<V≤2000	27.5<T≤32.5	VOCs	4.924E-3	18.271
北京市	110000			燃料油	固定顶罐	1500<V≤2000	32.5<T≤37.5	VOCs	5.897E-3	21.538
北京市	110000			燃料油	固定顶罐	1500<V≤2000	T>37.5	VOCs	7.039E-3	25.309
北京市	110000			燃料油	固定顶罐	1500<V≤2000	常温	VOCs	2.714E-3	10.604

省份	省份代码	地级市	地级市代码	物料名称	储罐类型	储罐容积 V/米³	储存温度 T/摄氏度	污染物指标	工作损失排放系数/[千克/吨（周转量）]	静置损失排放系数/（千克/年）
北京市	110000			燃料油	固定顶罐	2000<V≤3000	T≤2.5	VOCs	1.543E-3	9.955
北京市	110000			燃料油	固定顶罐	2000<V≤3000	2.5<T≤7.5	VOCs	1.891E-3	11.993
北京市	110000			燃料油	固定顶罐	2000<V≤3000	7.5<T≤12.5	VOCs	2.307E-3	14.391
北京市	110000			燃料油	固定顶罐	2000<V≤3000	12.5<T≤17.5	VOCs	2.805E-3	17.203
北京市	110000			燃料油	固定顶罐	2000<V≤3000	17.5<T≤22.5	VOCs	3.396E-3	20.489
北京市	110000			燃料油	固定顶罐	2000<V≤3000	22.5<T≤27.5	VOCs	4.096E-3	24.315
北京市	110000			燃料油	固定顶罐	2000<V≤3000	27.5<T≤32.5	VOCs	4.924E-3	28.756
北京市	110000			燃料油	固定顶罐	2000<V≤3000	32.5<T≤37.5	VOCs	5.897E-3	33.894
北京市	110000			燃料油	固定顶罐	2000<V≤3000	T>37.5	VOCs	7.039E-3	39.823
北京市	110000			燃料油	固定顶罐	2000<V≤3000	常温	VOCs	2.714E-3	16.694
北京市	110000			燃料油	固定顶罐	3000<V≤5000	T≤2.5	VOCs	1.543E-3	17.924
北京市	110000			燃料油	固定顶罐	3000<V≤5000	2.5<T≤7.5	VOCs	1.891E-3	21.592
北京市	110000			燃料油	固定顶罐	3000<V≤5000	7.5<T≤12.5	VOCs	2.307E-3	25.907
北京市	110000			燃料油	固定顶罐	3000<V≤5000	12.5<T≤17.5	VOCs	2.805E-3	30.967
北京市	110000			燃料油	固定顶罐	3000<V≤5000	17.5<T≤22.5	VOCs	3.396E-3	36.877
北京市	110000			燃料油	固定顶罐	3000<V≤5000	22.5<T≤27.5	VOCs	4.096E-3	43.757
北京市	110000			燃料油	固定顶罐	3000<V≤5000	27.5<T≤32.5	VOCs	4.924E-3	51.741
北京市	110000			燃料油	固定顶罐	3000<V≤5000	32.5<T≤37.5	VOCs	5.897E-3	60.976
北京市	110000			燃料油	固定顶罐	3000<V≤5000	T>37.5	VOCs	7.039E-3	71.625
北京市	110000			燃料油	固定顶罐	3000<V≤5000	常温	VOCs	2.714E-3	30.05
北京市	110000			燃料油	固定顶罐	5000<V≤10000	T≤2.5	VOCs	1.543E-3	37.718
北京市	110000			燃料油	固定顶罐	5000<V≤10000	2.5<T≤7.5	VOCs	1.891E-3	45.432
北京市	110000			燃料油	固定顶罐	5000<V≤10000	7.5<T≤12.5	VOCs	2.307E-3	54.505
北京市	110000			燃料油	固定顶罐	5000<V≤10000	12.5<T≤17.5	VOCs	2.805E-3	65.139
北京市	110000			燃料油	固定顶罐	5000<V≤10000	17.5<T≤22.5	VOCs	3.396E-3	77.555
北京市	110000			燃料油	固定顶罐	5000<V≤10000	22.5<T≤27.5	VOCs	4.096E-3	92.003
北京市	110000			燃料油	固定顶罐	5000<V≤10000	27.5<T≤32.5	VOCs	4.924E-3	108.759
北京市	110000			燃料油	固定顶罐	5000<V≤10000	32.5<T≤37.5	VOCs	5.897E-3	128.127
北京市	110000			燃料油	固定顶罐	5000<V≤10000	T>37.5	VOCs	7.039E-3	150.444
北京市	110000			燃料油	固定顶罐	5000<V≤10000	常温	VOCs	2.714E-3	63.212
北京市	110000			燃料油	固定顶罐	10000<V≤20000	T≤2.5	VOCs	1.543E-3	87.114
北京市	110000			燃料油	固定顶罐	10000<V≤20000	2.5<T≤7.5	VOCs	1.891E-3	104.913
北京市	110000			燃料油	固定顶罐	10000<V≤20000	7.5<T≤12.5	VOCs	2.307E-3	125.842
北京市	110000			燃料油	固定顶罐	10000<V≤20000	12.5<T≤17.5	VOCs	2.805E-3	150.357

省份	省份代码	地级市	地级市代码	物料名称	储罐类型	储罐容积 V/米³	储存温度 T/摄氏度	污染物指标	工作损失排放系数/[千克/吨（周转量）]	静置损失排放系数/（千克/年）
北京市	110000			燃料油	固定顶罐	$10000 < V \leqslant 20000$	$17.5 < T \leqslant 22.5$	VOCs	3.396E-3	178.968
北京市	110000			燃料油	固定顶罐	$10000 < V \leqslant 20000$	$22.5 < T \leqslant 27.5$	VOCs	4.096E-3	212.239
北京市	110000			燃料油	固定顶罐	$10000 < V \leqslant 20000$	$27.5 < T \leqslant 32.5$	VOCs	4.924E-3	250.793
北京市	110000			燃料油	固定顶罐	$10000 < V \leqslant 20000$	$32.5 < T \leqslant 37.5$	VOCs	5.897E-3	295.317
北京市	110000			燃料油	固定顶罐	$10000 < V \leqslant 20000$	$T > 37.5$	VOCs	7.039E-3	346.565
北京市	110000			燃料油	固定顶罐	$10000 < V \leqslant 20000$	常温	VOCs	2.714E-3	145.915
北京市	110000			燃料油	固定顶罐	$20000 < V \leqslant 30000$	$T \leqslant 2.5$	VOCs	1.543E-3	107.486
北京市	110000			燃料油	固定顶罐	$20000 < V \leqslant 30000$	$2.5 < T \leqslant 7.5$	VOCs	1.891E-3	129.435
北京市	110000			燃料油	固定顶罐	$20000 < V \leqslant 30000$	$7.5 < T \leqslant 12.5$	VOCs	2.307E-3	155.238
北京市	110000			燃料油	固定顶罐	$20000 < V \leqslant 30000$	$12.5 < T \leqslant 17.5$	VOCs	2.805E-3	185.454
北京市	110000			燃料油	固定顶罐	$20000 < V \leqslant 30000$	$17.5 < T \leqslant 22.5$	VOCs	3.396E-3	220.706
北京市	110000			燃料油	固定顶罐	$20000 < V \leqslant 30000$	$22.5 < T \leqslant 27.5$	VOCs	4.096E-3	261.684
北京市	110000			燃料油	固定顶罐	$20000 < V \leqslant 30000$	$27.5 < T \leqslant 32.5$	VOCs	4.924E-3	309.147
北京市	110000			燃料油	固定顶罐	$20000 < V \leqslant 30000$	$32.5 < T \leqslant 37.5$	VOCs	5.897E-3	363.929
北京市	110000			燃料油	固定顶罐	$20000 < V \leqslant 30000$	$T > 37.5$	VOCs	7.039E-3	426.942
北京市	110000			燃料油	固定顶罐	$20000 < V \leqslant 30000$	常温	VOCs	2.714E-3	179.98
北京市	110000			蜡油	固定顶罐	$V \leqslant 100$	$T \leqslant 62.5$	VOCs	1.991E-4	0.03
北京市	110000			蜡油	固定顶罐	$V \leqslant 100$	$62.5 < T \leqslant 67.5$	VOCs	2.478E-4	0.037
北京市	110000			蜡油	固定顶罐	$V \leqslant 100$	$67.5 < T \leqslant 72.5$	VOCs	3.072E-4	0.045
北京市	110000			蜡油	固定顶罐	$V \leqslant 100$	$72.5 < T \leqslant 77.5$	VOCs	3.794E-4	0.055
北京市	110000			蜡油	固定顶罐	$V \leqslant 100$	$77.5 < T \leqslant 82.5$	VOCs	4.669E-4	0.066
北京市	110000			蜡油	固定顶罐	$V \leqslant 100$	$82.5 < T \leqslant 87.5$	VOCs	5.724E-4	0.08
北京市	110000			蜡油	固定顶罐	$V \leqslant 100$	$87.5 < T \leqslant 92.5$	VOCs	6.993E-4	0.096
北京市	110000			蜡油	固定顶罐	$V \leqslant 100$	$92.5 < T \leqslant 97.5$	VOCs	8.515E-4	0.115
北京市	110000			蜡油	固定顶罐	$V \leqslant 100$	$T > 97.5$	VOCs	1.033E-3	0.137
北京市	110000			蜡油	固定顶罐	$V \leqslant 100$	常温	VOCs	2.186E-5	0.004
北京市	110000			蜡油	固定顶罐	$100 < V \leqslant 200$	$T \leqslant 62.5$	VOCs	1.991E-4	0.061
北京市	110000			蜡油	固定顶罐	$100 < V \leqslant 200$	$62.5 < T \leqslant 67.5$	VOCs	2.478E-4	0.074
北京市	110000			蜡油	固定顶罐	$100 < V \leqslant 200$	$67.5 < T \leqslant 72.5$	VOCs	3.072E-4	0.09
北京市	110000			蜡油	固定顶罐	$100 < V \leqslant 200$	$72.5 < T \leqslant 77.5$	VOCs	3.794E-4	0.11
北京市	110000			蜡油	固定顶罐	$100 < V \leqslant 200$	$77.5 < T \leqslant 82.5$	VOCs	4.669E-4	0.133
北京市	110000			蜡油	固定顶罐	$100 < V \leqslant 200$	$82.5 < T \leqslant 87.5$	VOCs	5.724E-4	0.16
北京市	110000			蜡油	固定顶罐	$100 < V \leqslant 200$	$87.5 < T \leqslant 92.5$	VOCs	6.993E-4	0.192
北京市	110000			蜡油	固定顶罐	$100 < V \leqslant 200$	$92.5 < T \leqslant 97.5$	VOCs	8.515E-4	0.23

省份	省份代码	地级市	地级市代码	物料名称	储罐类型	储罐容积 V/米^3	储存温度 T/摄氏度	污染物指标	工作损失排放系数/[千克/吨（周转量）]	静置损失排放系数/（千克/年）
北京市	110000			蜡油	固定顶罐	$100<V\leqslant200$	$T>97.5$	VOCs	1.033E-3	0.275
北京市	110000			蜡油	固定顶罐	$100<V\leqslant200$	常温	VOCs	2.186E-5	0.008
北京市	110000			蜡油	固定顶罐	$200<V\leqslant300$	$T\leqslant62.5$	VOCs	1.991E-4	0.091
北京市	110000			蜡油	固定顶罐	$200<V\leqslant300$	$62.5<T\leqslant67.5$	VOCs	2.478E-4	0.111
北京市	110000			蜡油	固定顶罐	$200<V\leqslant300$	$67.5<T\leqslant72.5$	VOCs	3.072E-4	0.136
北京市	110000			蜡油	固定顶罐	$200<V\leqslant300$	$72.5<T\leqslant77.5$	VOCs	3.794E-4	0.165
北京市	110000			蜡油	固定顶罐	$200<V\leqslant300$	$77.5<T\leqslant82.5$	VOCs	4.669E-4	0.199
北京市	110000			蜡油	固定顶罐	$200<V\leqslant300$	$82.5<T\leqslant87.5$	VOCs	5.724E-4	0.24
北京市	110000			蜡油	固定顶罐	$200<V\leqslant300$	$87.5<T\leqslant92.5$	VOCs	6.993E-4	0.289
北京市	110000			蜡油	固定顶罐	$200<V\leqslant300$	$92.5<T\leqslant97.5$	VOCs	8.515E-4	0.346
北京市	110000			蜡油	固定顶罐	$200<V\leqslant300$	$T>97.5$	VOCs	1.033E-3	0.412
北京市	110000			蜡油	固定顶罐	$200<V\leqslant300$	常温	VOCs	2.186E-5	0.012
北京市	110000			蜡油	固定顶罐	$300<V\leqslant400$	$T\leqslant62.5$	VOCs	1.991E-4	0.121
北京市	110000			蜡油	固定顶罐	$300<V\leqslant400$	$62.5<T\leqslant67.5$	VOCs	2.478E-4	0.148
北京市	110000			蜡油	固定顶罐	$300<V\leqslant400$	$67.5<T\leqslant72.5$	VOCs	3.072E-4	0.181
北京市	110000			蜡油	固定顶罐	$300<V\leqslant400$	$72.5<T\leqslant77.5$	VOCs	3.794E-4	0.219
北京市	110000			蜡油	固定顶罐	$300<V\leqslant400$	$77.5<T\leqslant82.5$	VOCs	4.669E-4	0.265
北京市	110000			蜡油	固定顶罐	$300<V\leqslant400$	$82.5<T\leqslant87.5$	VOCs	5.724E-4	0.32
北京市	110000			蜡油	固定顶罐	$300<V\leqslant400$	$87.5<T\leqslant92.5$	VOCs	6.993E-4	0.384
北京市	110000			蜡油	固定顶罐	$300<V\leqslant400$	$92.5<T\leqslant97.5$	VOCs	8.515E-4	0.46
北京市	110000			蜡油	固定顶罐	$300<V\leqslant400$	$T>97.5$	VOCs	1.033E-3	0.549
北京市	110000			蜡油	固定顶罐	$300<V\leqslant400$	常温	VOCs	2.186E-5	0.016
北京市	110000			蜡油	固定顶罐	$400<V\leqslant500$	$T\leqslant62.5$	VOCs	1.991E-4	0.153
北京市	110000			蜡油	固定顶罐	$400<V\leqslant500$	$62.5<T\leqslant67.5$	VOCs	2.478E-4	0.187
北京市	110000			蜡油	固定顶罐	$400<V\leqslant500$	$67.5<T\leqslant72.5$	VOCs	3.072E-4	0.228
北京市	110000			蜡油	固定顶罐	$400<V\leqslant500$	$72.5<T\leqslant77.5$	VOCs	3.794E-4	0.277
北京市	110000			蜡油	固定顶罐	$400<V\leqslant500$	$77.5<T\leqslant82.5$	VOCs	4.669E-4	0.335
北京市	110000			蜡油	固定顶罐	$400<V\leqslant500$	$82.5<T\leqslant87.5$	VOCs	5.724E-4	0.404
北京市	110000			蜡油	固定顶罐	$400<V\leqslant500$	$87.5<T\leqslant92.5$	VOCs	6.993E-4	0.486
北京市	110000			蜡油	固定顶罐	$400<V\leqslant500$	$92.5<T\leqslant97.5$	VOCs	8.515E-4	0.581
北京市	110000			蜡油	固定顶罐	$400<V\leqslant500$	$T>97.5$	VOCs	1.033E-3	0.694
北京市	110000			蜡油	固定顶罐	$400<V\leqslant500$	常温	VOCs	2.186E-5	0.02
北京市	110000			蜡油	固定顶罐	$500<V\leqslant600$	$T\leqslant62.5$	VOCs	1.991E-4	0.182
北京市	110000			蜡油	固定顶罐	$500<V\leqslant600$	$62.5<T\leqslant67.5$	VOCs	2.478E-4	0.223

省份	省份代码	地级市	地级市代码	物料名称	储罐类型	储罐容积 V/米^3	储存温度 T/摄氏度	污染物指标	工作损失排放系数/[千克/吨（周转量）]	静置损失排放系数/（千克/年）
北京市	110000			蜡油	固定顶罐	500<V≤600	67.5<T≤72.5	VOCs	3.072E-4	0.272
北京市	110000			蜡油	固定顶罐	500<V≤600	72.5<T≤77.5	VOCs	3.794E-4	0.33
北京市	110000			蜡油	固定顶罐	500<V≤600	77.5<T≤82.5	VOCs	4.669E-4	0.4
北京市	110000			蜡油	固定顶罐	500<V≤600	82.5<T≤87.5	VOCs	5.724E-4	0.482
北京市	110000			蜡油	固定顶罐	500<V≤600	87.5<T≤92.5	VOCs	6.993E-4	0.579
北京市	110000			蜡油	固定顶罐	500<V≤600	92.5<T≤97.5	VOCs	8.515E-4	0.693
北京市	110000			蜡油	固定顶罐	500<V≤600	T>97.5	VOCs	1.033E-3	0.827
北京市	110000			蜡油	固定顶罐	500<V≤600	常温	VOCs	2.186E-5	0.023
北京市	110000			蜡油	固定顶罐	600<V≤700	T≤62.5	VOCs	1.991E-4	0.217
北京市	110000			蜡油	固定顶罐	600<V≤700	62.5<T≤67.5	VOCs	2.478E-4	0.265
北京市	110000			蜡油	固定顶罐	600<V≤700	67.5<T≤72.5	VOCs	3.072E-4	0.324
北京市	110000			蜡油	固定顶罐	600<V≤700	72.5<T≤77.5	VOCs	3.794E-4	0.393
北京市	110000			蜡油	固定顶罐	600<V≤700	77.5<T≤82.5	VOCs	4.669E-4	0.475
北京市	110000			蜡油	固定顶罐	600<V≤700	82.5<T≤87.5	VOCs	5.724E-4	0.573
北京市	110000			蜡油	固定顶罐	600<V≤700	87.5<T≤92.5	VOCs	6.993E-4	0.688
北京市	110000			蜡油	固定顶罐	600<V≤700	92.5<T≤97.5	VOCs	8.515E-4	0.824
北京市	110000			蜡油	固定顶罐	600<V≤700	T>97.5	VOCs	1.033E-3	0.983
北京市	110000			蜡油	固定顶罐	600<V≤700	常温	VOCs	2.186E-5	0.028
北京市	110000			蜡油	固定顶罐	700<V≤800	T≤62.5	VOCs	1.991E-4	0.244
北京市	110000			蜡油	固定顶罐	700<V≤800	62.5<T≤67.5	VOCs	2.478E-4	0.299
北京市	110000			蜡油	固定顶罐	700<V≤800	67.5<T≤72.5	VOCs	3.072E-4	0.364
北京市	110000			蜡油	固定顶罐	700<V≤800	72.5<T≤77.5	VOCs	3.794E-4	0.442
北京市	110000			蜡油	固定顶罐	700<V≤800	77.5<T≤82.5	VOCs	4.669E-4	0.535
北京市	110000			蜡油	固定顶罐	700<V≤800	82.5<T≤87.5	VOCs	5.724E-4	0.645
北京市	110000			蜡油	固定顶罐	700<V≤800	87.5<T≤92.5	VOCs	6.993E-4	0.775
北京市	110000			蜡油	固定顶罐	700<V≤800	92.5<T≤97.5	VOCs	8.515E-4	0.927
北京市	110000			蜡油	固定顶罐	700<V≤800	T>97.5	VOCs	1.033E-3	1.107
北京市	110000			蜡油	固定顶罐	700<V≤800	常温	VOCs	2.186E-5	0.031
北京市	110000			蜡油	固定顶罐	800<V≤1000	T≤62.5	VOCs	1.991E-4	0.311
北京市	110000			蜡油	固定顶罐	800<V≤1000	62.5<T≤67.5	VOCs	2.478E-4	0.381
北京市	110000			蜡油	固定顶罐	800<V≤1000	67.5<T≤72.5	VOCs	3.072E-4	0.464
北京市	110000			蜡油	固定顶罐	800<V≤1000	72.5<T≤77.5	VOCs	3.794E-4	0.564
北京市	110000			蜡油	固定顶罐	800<V≤1000	77.5<T≤82.5	VOCs	4.669E-4	0.682
北京市	110000			蜡油	固定顶罐	800<V≤1000	82.5<T≤87.5	VOCs	5.724E-4	0.822

省份	省份代码	地级市	地级市代码	物料名称	储罐类型	储罐容积 V/米^3	储存温度 T/摄氏度	污染物指标	工作损失排放系数/[千克/吨（周转量）]	静置损失排放系数/（千克/年）
北京市	110000			蜡油	固定顶罐	$800<V\leq1000$	$87.5<T\leq92.5$	VOCs	6.993E-4	0.988
北京市	110000			蜡油	固定顶罐	$800<V\leq1000$	$92.5<T\leq97.5$	VOCs	8.515E-4	1.182
北京市	110000			蜡油	固定顶罐	$800<V\leq1000$	$T>97.5$	VOCs	1.033E-3	1.411
北京市	110000			蜡油	固定顶罐	$800<V\leq1000$	常温	VOCs	2.186E-5	0.04
北京市	110000			蜡油	固定顶罐	$1000<V\leq1500$	$T\leq62.5$	VOCs	1.991E-4	0.477
北京市	110000			蜡油	固定顶罐	$1000<V\leq1500$	$62.5<T\leq67.5$	VOCs	2.478E-4	0.583
北京市	110000			蜡油	固定顶罐	$1000<V\leq1500$	$67.5<T\leq72.5$	VOCs	3.072E-4	0.711
北京市	110000			蜡油	固定顶罐	$1000<V\leq1500$	$72.5<T\leq77.5$	VOCs	3.794E-4	0.863
北京市	110000			蜡油	固定顶罐	$1000<V\leq1500$	$77.5<T\leq82.5$	VOCs	4.669E-4	1.044
北京市	110000			蜡油	固定顶罐	$1000<V\leq1500$	$82.5<T\leq87.5$	VOCs	5.724E-4	1.259
北京市	110000			蜡油	固定顶罐	$1000<V\leq1500$	$87.5<T\leq92.5$	VOCs	6.993E-4	1.512
北京市	110000			蜡油	固定顶罐	$1000<V\leq1500$	$92.5<T\leq97.5$	VOCs	8.515E-4	1.81
北京市	110000			蜡油	固定顶罐	$1000<V\leq1500$	$T>97.5$	VOCs	1.033E-3	2.16
北京市	110000			蜡油	固定顶罐	$1000<V\leq1500$	常温	VOCs	2.186E-5	0.061
北京市	110000			蜡油	固定顶罐	$1500<V\leq2000$	$T\leq62.5$	VOCs	1.991E-4	0.685
北京市	110000			蜡油	固定顶罐	$1500<V\leq2000$	$62.5<T\leq67.5$	VOCs	2.478E-4	0.838
北京市	110000			蜡油	固定顶罐	$1500<V\leq2000$	$67.5<T\leq72.5$	VOCs	3.072E-4	1.021
北京市	110000			蜡油	固定顶罐	$1500<V\leq2000$	$72.5<T\leq77.5$	VOCs	3.794E-4	1.24
北京市	110000			蜡油	固定顶罐	$1500<V\leq2000$	$77.5<T\leq82.5$	VOCs	4.669E-4	1.5
北京市	110000			蜡油	固定顶罐	$1500<V\leq2000$	$82.5<T\leq87.5$	VOCs	5.724E-4	1.808
北京市	110000			蜡油	固定顶罐	$1500<V\leq2000$	$87.5<T\leq92.5$	VOCs	6.993E-4	2.172
北京市	110000			蜡油	固定顶罐	$1500<V\leq2000$	$92.5<T\leq97.5$	VOCs	8.515E-4	2.601
北京市	110000			蜡油	固定顶罐	$1500<V\leq2000$	$T>97.5$	VOCs	1.033E-3	3.103
北京市	110000			蜡油	固定顶罐	$1500<V\leq2000$	常温	VOCs	2.186E-5	0.088
北京市	110000			蜡油	固定顶罐	$2000<V\leq3000$	$T\leq62.5$	VOCs	1.991E-4	1.078
北京市	110000			蜡油	固定顶罐	$2000<V\leq3000$	$62.5<T\leq67.5$	VOCs	2.478E-4	1.32
北京市	110000			蜡油	固定顶罐	$2000<V\leq3000$	$67.5<T\leq72.5$	VOCs	3.072E-4	1.608
北京市	110000			蜡油	固定顶罐	$2000<V\leq3000$	$72.5<T\leq77.5$	VOCs	3.794E-4	1.953
北京市	110000			蜡油	固定顶罐	$2000<V\leq3000$	$77.5<T\leq82.5$	VOCs	4.669E-4	2.362
北京市	110000			蜡油	固定顶罐	$2000<V\leq3000$	$82.5<T\leq87.5$	VOCs	5.724E-4	2.848
北京市	110000			蜡油	固定顶罐	$2000<V\leq3000$	$87.5<T\leq92.5$	VOCs	6.993E-4	3.421
北京市	110000			蜡油	固定顶罐	$2000<V\leq3000$	$92.5<T\leq97.5$	VOCs	8.515E-4	4.095
北京市	110000			蜡油	固定顶罐	$2000<V\leq3000$	$T>97.5$	VOCs	1.033E-3	4.886
北京市	110000			蜡油	固定顶罐	$2000<V\leq3000$	常温	VOCs	2.186E-5	0.139

省份	省份代码	地级市	地级市代码	物料名称	储罐类型	储罐容积 V/米^3	储存温度 T/摄氏度	污染物指标	工作损失排放系数/[千克/吨（周转量）]	静置损失排放系数/（千克/年）
北京市	110000			蜡油	固定顶罐	$3000<V\leqslant5000$	$T\leqslant62.5$	VOCs	1.991E-4	1.942
北京市	110000			蜡油	固定顶罐	$3000<V\leqslant5000$	$62.5<T\leqslant67.5$	VOCs	2.478E-4	2.376
北京市	110000			蜡油	固定顶罐	$3000<V\leqslant5000$	$67.5<T\leqslant72.5$	VOCs	3.072E-4	2.896
北京市	110000			蜡油	固定顶罐	$3000<V\leqslant5000$	$72.5<T\leqslant77.5$	VOCs	3.794E-4	3.517
北京市	110000			蜡油	固定顶罐	$3000<V\leqslant5000$	$77.5<T\leqslant82.5$	VOCs	4.669E-4	4.254
北京市	110000			蜡油	固定顶罐	$3000<V\leqslant5000$	$82.5<T\leqslant87.5$	VOCs	5.724E-4	5.128
北京市	110000			蜡油	固定顶罐	$3000<V\leqslant5000$	$87.5<T\leqslant92.5$	VOCs	6.993E-4	6.16
北京市	110000			蜡油	固定顶罐	$3000<V\leqslant5000$	$92.5<T\leqslant97.5$	VOCs	8.515E-4	7.374
北京市	110000			蜡油	固定顶罐	$3000<V\leqslant5000$	$T>97.5$	VOCs	1.033E-3	8.798
北京市	110000			蜡油	固定顶罐	$3000<V\leqslant5000$	常温	VOCs	2.186E-5	0.25
北京市	110000			蜡油	固定顶罐	$5000<V\leqslant10000$	$T\leqslant62.5$	VOCs	1.991E-4	4.089
北京市	110000			蜡油	固定顶罐	$5000<V\leqslant10000$	$62.5<T\leqslant67.5$	VOCs	2.478E-4	5.003
北京市	110000			蜡油	固定顶罐	$5000<V\leqslant10000$	$67.5<T\leqslant72.5$	VOCs	3.072E-4	6.097
北京市	110000			蜡油	固定顶罐	$5000<V\leqslant10000$	$72.5<T\leqslant77.5$	VOCs	3.794E-4	7.403
北京市	110000			蜡油	固定顶罐	$5000<V\leqslant10000$	$77.5<T\leqslant82.5$	VOCs	4.669E-4	8.956
北京市	110000			蜡油	固定顶罐	$5000<V\leqslant10000$	$82.5<T\leqslant87.5$	VOCs	5.724E-4	10.795
北京市	110000			蜡油	固定顶罐	$5000<V\leqslant10000$	$87.5<T\leqslant92.5$	VOCs	6.993E-4	12.967
北京市	110000			蜡油	固定顶罐	$5000<V\leqslant10000$	$92.5<T\leqslant97.5$	VOCs	8.515E-4	15.522
北京市	110000			蜡油	固定顶罐	$5000<V\leqslant10000$	$T>97.5$	VOCs	1.033E-3	18.518
北京市	110000			蜡油	固定顶罐	$5000<V\leqslant10000$	常温	VOCs	2.186E-5	0.526
北京市	110000			蜡油	固定顶罐	$10000<V\leqslant20000$	$T\leqslant62.5$	VOCs	1.991E-4	9.449
北京市	110000			蜡油	固定顶罐	$10000<V\leqslant20000$	$62.5<T\leqslant67.5$	VOCs	2.478E-4	11.561
北京市	110000			蜡油	固定顶罐	$10000<V\leqslant20000$	$67.5<T\leqslant72.5$	VOCs	3.072E-4	14.09
北京市	110000			蜡油	固定顶罐	$10000<V\leqslant20000$	$72.5<T\leqslant77.5$	VOCs	3.794E-4	17.108
北京市	110000			蜡油	固定顶罐	$10000<V\leqslant20000$	$77.5<T\leqslant82.5$	VOCs	4.669E-4	20.695
北京市	110000			蜡油	固定顶罐	$10000<V\leqslant200$	$82.5<T\leqslant87.5$	VOCs	5.724E-4	24.944
北京市	110000			蜡油	固定顶罐	$10000<V\leqslant20000$	$87.5<T\leqslant92.5$	VOCs	6.993E-4	29.96
北京市	110000			蜡油	固定顶罐	$10000<V\leqslant20000$	$92.5<T\leqslant97.5$	VOCs	8.515E-4	35.862
北京市	110000			蜡油	固定顶罐	$10000<V\leqslant20000$	$T>97.5$	VOCs	1.033E-3	42.783
北京市	110000			蜡油	固定顶罐	$10000<V\leqslant20000$	常温	VOCs	2.186E-5	1.215
北京市	110000			蜡油	固定顶罐	$20000<V\leqslant30000$	$T\leqslant62.5$	VOCs	1.991E-4	11.663
北京市	110000			蜡油	固定顶罐	$20000<V\leqslant30000$	$62.5<T\leqslant67.5$	VOCs	2.478E-4	14.27
北京市	110000			蜡油	固定顶罐	$20000<V\leqslant30000$	$67.5<T\leqslant72.5$	VOCs	3.072E-4	17.391
北京市	110000			蜡油	固定顶罐	$20000<V\leqslant30000$	$72.5<T\leqslant77.5$	VOCs	3.794E-4	21.116

省份	省份代码	地级市	地级市代码	物料名称	储罐类型	储罐容积 V/米³	储存温度 T/摄氏度	污染物指标	工作损失排放系数/[千克/吨（周转量）]	静置损失排放系数/（千克/年）
北京市	110000			蜡油	固定顶罐	20000<V≤30000	77.5<T≤82.5	VOCs	4.669E-4	25.542
北京市	110000			蜡油	固定顶罐	20000<V≤30000	82.5<T≤87.5	VOCs	5.724E-4	30.786
北京市	110000			蜡油	固定顶罐	20000<V≤30000	87.5<T≤92.5	VOCs	6.993E-4	36.976
北京市	110000			蜡油	固定顶罐	20000<V≤30000	92.5<T≤97.5	VOCs	8.515E-4	44.258
北京市	110000			蜡油	固定顶罐	20000<V≤30000	T>97.5	VOCs	1.033E-3	52.797
北京市	110000			蜡油	固定顶罐	20000<V≤30000	常温	VOCs	2.186E-5	1.499
北京市	110000			汽油	固定顶罐	V≤100	T≤2.5	VOCs	7.844E-1	265.72
北京市	110000			汽油	固定顶罐	V≤100	2.5<T≤7.5	VOCs	8.665E-1	301.155
北京市	110000			汽油	固定顶罐	V≤100	7.5<T≤12.5	VOCs	9.551E-1	341.452
北京市	110000			汽油	固定顶罐	V≤100	12.5<T≤17.5	VOCs	1.051E0	387.53
北京市	110000			汽油	固定顶罐	V≤100	17.5<T≤22.5	VOCs	1.153E0	440.598
北京市	110000			汽油	固定顶罐	V≤100	22.5<T≤27.5	VOCs	1.263E0	502.273
北京市	110000			汽油	固定顶罐	V≤100	27.5<T≤32.5	VOCs	1.381E0	574.779
北京市	110000			汽油	固定顶罐	V≤100	32.5<T≤37.5	VOCs	1.506E0	661.249
北京市	110000			汽油	固定顶罐	V≤100	T>37.5	VOCs	1.64E0	766.243
北京市	110000			汽油	固定顶罐	V≤100	常温	VOCs	1.034E0	379.242
北京市	110000			汽油	固定顶罐	100<V≤200	T≤2.5	VOCs	7.844E-1	484.746
北京市	110000			汽油	固定顶罐	100<V≤200	2.5<T≤7.5	VOCs	8.665E-1	546.034
北京市	110000			汽油	固定顶罐	100<V≤200	7.5<T≤12.5	VOCs	9.551E-1	615.326
北京市	110000			汽油	固定顶罐	100<V≤200	12.5<T≤17.5	VOCs	1.051E0	694.146
北京市	110000			汽油	固定顶罐	100<V≤200	17.5<T≤22.5	VOCs	1.153E0	784.5
北京市	110000			汽油	固定顶罐	100<V≤200	22.5<T≤27.5	VOCs	1.263E0	889.091
北京市	110000			汽油	固定顶罐	100<V≤200	27.5<T≤32.5	VOCs	1.381E0	1011.633
北京市	110000			汽油	固定顶罐	100<V≤200	32.5<T≤37.5	VOCs	1.506E0	1157.375
北京市	110000			汽油	固定顶罐	100<V≤200	T>37.5	VOCs	1.64E0	1333.954
北京市	110000			汽油	固定顶罐	100<V≤200	常温	VOCs	1.034E0	679.995
北京市	110000			汽油	固定顶罐	200<V≤300	T≤2.5	VOCs	7.844E-1	685.662
北京市	110000			汽油	固定顶罐	200<V≤300	2.5<T≤7.5	VOCs	8.665E-1	769.508
北京市	110000			汽油	固定顶罐	200<V≤300	7.5<T≤12.5	VOCs	9.551E-1	864.006
北京市	110000			汽油	固定顶罐	200<V≤300	12.5<T≤17.5	VOCs	1.051E0	971.198
北京市	110000			汽油	固定顶罐	200<V≤300	17.5<T≤22.5	VOCs	1.153E0	1093.787
北京市	110000			汽油	固定顶罐	200<V≤300	22.5<T≤27.5	VOCs	1.263E0	1235.41
北京市	110000			汽油	固定顶罐	200<V≤300	27.5<T≤32.5	VOCs	1.381E0	1401.076
北京市	110000			汽油	固定顶罐	200<V≤300	32.5<T≤37.5	VOCs	1.506E0	1597.86

省份	省份代码	地级市	地级市代码	物料名称	储罐类型	储罐容积 V/米^3	储存温度 T/摄氏度	污染物指标	工作损失排放系数/[千克/吨（周转量）]	静置损失排放系数/(千克/年)
北京市	110000			汽油	固定顶罐	$200 < V \leqslant 300$	$T > 37.5$	VOCs	1.64E0	1836.065
北京市	110000			汽油	固定顶罐	$200 < V \leqslant 300$	常温	VOCs	1.034E0	951.974
北京市	110000			汽油	固定顶罐	$300 < V \leqslant 400$	$T \leqslant 2.5$	VOCs	7.844E-1	872.78
北京市	110000			汽油	固定顶罐	$300 < V \leqslant 400$	$2.5 < T \leqslant 7.5$	VOCs	8.665E-1	976.948
北京市	110000			汽油	固定顶罐	$300 < V \leqslant 400$	$7.5 < T \leqslant 12.5$	VOCs	9.551E-1	1094.106
北京市	110000			汽油	固定顶罐	$300 < V \leqslant 400$	$12.5 < T \leqslant 17.5$	VOCs	1.051E0	1226.769
北京市	110000			汽油	固定顶罐	$300 < V \leqslant 400$	$17.5 < T \leqslant 22.5$	VOCs	1.153E0	1378.259
北京市	110000			汽油	固定顶罐	$300 < V \leqslant 400$	$22.5 < T \leqslant 27.5$	VOCs	1.263E0	1553.061
北京市	110000			汽油	固定顶罐	$300 < V \leqslant 400$	$27.5 < T \leqslant 32.5$	VOCs	1.381E0	1757.346
北京市	110000			汽油	固定顶罐	$300 < V \leqslant 400$	$32.5 < T \leqslant 37.5$	VOCs	1.506E0	1999.835
北京市	110000			汽油	固定顶罐	$300 < V \leqslant 400$	$T > 37.5$	VOCs	1.64E0	2293.222
北京市	110000			汽油	固定顶罐	$300 < V \leqslant 400$	常温	VOCs	1.034E0	1202.991
北京市	110000			汽油	固定顶罐	$400 < V \leqslant 500$	$T \leqslant 2.5$	VOCs	7.844E-1	1061.754
北京市	110000			汽油	固定顶罐	$400 < V \leqslant 500$	$2.5 < T \leqslant 7.5$	VOCs	8.665E-1	1185.929
北京市	110000			汽油	固定顶罐	$400 < V \leqslant 500$	$7.5 < T \leqslant 12.5$	VOCs	9.551E-1	1325.367
北京市	110000			汽油	固定顶罐	$400 < V \leqslant 500$	$12.5 < T \leqslant 17.5$	VOCs	1.051E0	1483.047
北京市	110000			汽油	固定顶罐	$400 < V \leqslant 500$	$17.5 < T \leqslant 22.5$	VOCs	1.153E0	1662.908
北京市	110000			汽油	固定顶罐	$400 < V \leqslant 500$	$22.5 < T \leqslant 27.5$	VOCs	1.263E0	1870.267
北京市	110000			汽油	固定顶罐	$400 < V \leqslant 500$	$27.5 < T \leqslant 32.5$	VOCs	1.381E0	2112.443
北京市	110000			汽油	固定顶罐	$400 < V \leqslant 500$	$32.5 < T \leqslant 37.5$	VOCs	1.506E0	2399.774
北京市	110000			汽油	固定顶罐	$400 < V \leqslant 500$	$T > 37.5$	VOCs	1.64E0	2747.312
北京市	110000			汽油	固定顶罐	$400 < V \leqslant 500$	常温	VOCs	1.034E0	1454.8
北京市	110000			汽油	固定顶罐	$500 < V \leqslant 600$	$T \leqslant 2.5$	VOCs	7.844E-1	1234.166
北京市	110000			汽油	固定顶罐	$500 < V \leqslant 600$	$2.5 < T \leqslant 7.5$	VOCs	8.665E-1	1376.63
北京市	110000			汽油	固定顶罐	$500 < V \leqslant 600$	$7.5 < T \leqslant 12.5$	VOCs	9.551E-1	1536.456
北京市	110000			汽油	固定顶罐	$500 < V \leqslant 600$	$12.5 < T \leqslant 17.5$	VOCs	1.051E0	1717.047
北京市	110000			汽油	固定顶罐	$500 < V \leqslant 600$	$17.5 < T \leqslant 22.5$	VOCs	1.153E0	1922.912
北京市	110000			汽油	固定顶罐	$500 < V \leqslant 600$	$22.5 < T \leqslant 27.5$	VOCs	1.263E0	2160.133
北京市	110000			汽油	固定顶罐	$500 < V \leqslant 600$	$27.5 < T \leqslant 32.5$	VOCs	1.381E0	2437.086
北京市	110000			汽油	固定顶罐	$500 < V \leqslant 600$	$32.5 < T \leqslant 37.5$	VOCs	1.506E0	2765.6
北京市	110000			汽油	固定顶罐	$500 < V \leqslant 600$	$T > 37.5$	VOCs	1.64E0	3162.891
北京市	110000			汽油	固定顶罐	$500 < V \leqslant 600$	常温	VOCs	1.034E0	1684.704
北京市	110000			汽油	固定顶罐	$600 < V \leqslant 700$	$T \leqslant 2.5$	VOCs	7.844E-1	1444.256
北京市	110000			汽油	固定顶罐	$600 < V \leqslant 700$	$2.5 < T \leqslant 7.5$	VOCs	8.665E-1	1609.604

省份	省份代码	地级市	地级市代码	物料名称	储罐类型	储罐容积 V/米³	储存温度 T/摄氏度	污染物指标	工作损失排放系数/[千克/吨（周转量）]	静置损失排放系数/（千克/年）
北京市	110000			汽油	固定顶罐	600<V≤700	7.5<T≤12.5	VOCs	9.551E-1	1794.997
北京市	110000			汽油	固定顶罐	600<V≤700	12.5<T≤17.5	VOCs	1.051E0	2004.378
北京市	110000			汽油	固定顶罐	600<V≤700	17.5<T≤22.5	VOCs	1.153E0	2242.973
北京市	110000			汽油	固定顶罐	600<V≤700	22.5<T≤27.5	VOCs	1.263E0	2517.832
北京市	110000			汽油	固定顶罐	600<V≤700	27.5<T≤32.5	VOCs	1.381E0	2838.662
北京市	110000			汽油	固定顶罐	600<V≤700	32.5<T≤37.5	VOCs	1.506E0	3219.169
北京市	110000			汽油	固定顶罐	600<V≤700	T>37.5	VOCs	1.64E0	3679.306
北京市	110000			汽油	固定顶罐	600<V≤700	常温	VOCs	1.034E0	1966.886
北京市	110000			汽油	固定顶罐	700<V≤800	T≤2.5	VOCs	7.844E-1	1574.784
北京市	110000			汽油	固定顶罐	700<V≤800	2.5<T≤7.5	VOCs	8.665E-1	1752.184
北京市	110000			汽油	固定顶罐	700<V≤800	7.5<T≤12.5	VOCs	9.551E-1	1950.879
北京市	110000			汽油	固定顶罐	700<V≤800	12.5<T≤17.5	VOCs	1.051E0	2175.09
北京市	110000			汽油	固定顶罐	700<V≤800	17.5<T≤22.5	VOCs	1.153E0	2430.414
北京市	110000			汽油	固定顶罐	700<V≤800	22.5<T≤27.5	VOCs	1.263E0	2724.396
北京市	110000			汽油	固定顶罐	700<V≤800	27.5<T≤32.5	VOCs	1.381E0	3067.428
北京市	110000			汽油	固定顶罐	700<V≤800	32.5<T≤37.5	VOCs	1.506E0	3474.18
北京市	110000			汽油	固定顶罐	700<V≤800	T>37.5	VOCs	1.64E0	3966
北京市	110000			汽油	固定顶罐	700<V≤800	常温	VOCs	1.034E0	2134.954
北京市	110000			汽油	固定顶罐	800<V≤1000	T≤2.5	VOCs	7.844E-1	1942.546
北京市	110000			汽油	固定顶罐	800<V≤1000	2.5<T≤7.5	VOCs	8.665E-1	2157.794
北京市	110000			汽油	固定顶罐	800<V≤1000	7.5<T≤12.5	VOCs	9.551E-1	2398.643
北京市	110000			汽油	固定顶罐	800<V≤1000	12.5<T≤17.5	VOCs	1.051E0	2670.205
北京市	110000			汽油	固定顶罐	800<V≤1000	17.5<T≤22.5	VOCs	1.153E0	2979.263
北京市	110000			汽油	固定顶罐	800<V≤1000	22.5<T≤27.5	VOCs	1.263E0	3334.96
北京市	110000			汽油	固定顶罐	800<V≤1000	27.5<T≤32.5	VOCs	1.381E0	3749.885
北京市	110000			汽油	固定顶罐	800<V≤1000	32.5<T≤37.5	VOCs	1.506E0	4241.804
北京市	110000			汽油	固定顶罐	800<V≤1000	T>37.5	VOCs	1.64E0	4836.568
北京市	110000			汽油	固定顶罐	800<V≤1000	常温	VOCs	1.034E0	2621.606
北京市	110000			汽油	固定顶罐	1000<V≤1500	T≤2.5	VOCs	7.844E-1	2802.9
北京市	110000			汽油	固定顶罐	1000<V≤1500	2.5<T≤7.5	VOCs	8.665E-1	3104.703
北京市	110000			汽油	固定顶罐	1000<V≤1500	7.5<T≤12.5	VOCs	9.551E-1	3441.885
北京市	110000			汽油	固定顶罐	1000<V≤1500	12.5<T≤17.5	VOCs	1.051E0	3821.619
北京市	110000			汽油	固定顶罐	1000<V≤1500	17.5<T≤22.5	VOCs	1.153E0	4253.409
北京市	110000			汽油	固定顶罐	1000<V≤1500	22.5<T≤27.5	VOCs	1.263E0	4750.067

省份	省份代码	地级市	地级市代码	物料名称	储罐类型	储罐容积 V/米^3	储存温度 T/摄氏度	污染物指标	工作损失排放系数/[千克/吨（周转量）]	静置损失排放系数/（千克/年）
北京市	110000			汽油	固定顶罐	1000<V≤1500	27.5<T≤32.5	VOCs	1.381E0	5329.222
北京市	110000			汽油	固定顶罐	1000<V≤1500	32.5<T≤37.5	VOCs	1.506E0	6015.742
北京市	110000			汽油	固定顶罐	1000<V≤1500	T>37.5	VOCs	1.64E0	6845.792
北京市	110000			汽油	固定顶罐	1000<V≤1500	常温	VOCs	1.034E0	3753.689
北京市	110000			汽油	固定顶罐	1500<V≤2000	T≤2.5	VOCs	7.844E-1	3911.052
北京市	110000			汽油	固定顶罐	1500<V≤2000	2.5<T≤7.5	VOCs	8.665E-1	4326.402
北京市	110000			汽油	固定顶罐	1500<V≤2000	7.5<T≤12.5	VOCs	9.551E-1	4790.143
北京市	110000			汽油	固定顶罐	1500<V≤2000	12.5<T≤17.5	VOCs	1.051E0	5312.156
北京市	110000			汽油	固定顶罐	1500<V≤2000	17.5<T≤22.5	VOCs	1.153E0	5905.531
北京市	110000			汽油	固定顶罐	1500<V≤2000	22.5<T≤27.5	VOCs	1.263E0	6587.906
北京市	110000			汽油	固定顶罐	1500<V≤2000	27.5<T≤32.5	VOCs	1.381E0	7383.543
北京市	110000			汽油	固定顶罐	1500<V≤2000	32.5<T≤37.5	VOCs	1.506E0	8326.659
北京市	110000			汽油	固定顶罐	1500<V≤2000	T>37.5	VOCs	1.64E0	9467.004
北京市	110000			汽油	固定顶罐	1500<V≤2000	常温	VOCs	1.034E0	5218.788
北京市	110000			汽油	固定顶罐	2000<V≤3000	T≤2.5	VOCs	7.844E-1	5824.119
北京市	110000			汽油	固定顶罐	2000<V≤3000	2.5<T≤7.5	VOCs	8.665E-1	6426.972
北京市	110000			汽油	固定顶罐	2000<V≤3000	7.5<T≤12.5	VOCs	9.551E-1	7099.366
北京市	110000			汽油	固定顶罐	2000<V≤3000	12.5<T≤17.5	VOCs	1.051E0	7855.687
北京市	110000			汽油	固定顶罐	2000<V≤3000	17.5<T≤22.5	VOCs	1.153E0	8714.982
北京市	110000			汽油	固定顶罐	2000<V≤3000	22.5<T≤27.5	VOCs	1.263E0	9702.899
北京市	110000			汽油	固定顶罐	2000<V≤3000	27.5<T≤32.5	VOCs	1.381E0	10854.691
北京市	110000			汽油	固定顶罐	2000<V≤3000	32.5<T≤37.5	VOCs	1.506E0	12220.048
北京市	110000			汽油	固定顶罐	2000<V≤3000	T>37.5	VOCs	1.64E0	13871.189
北京市	110000			汽油	固定顶罐	2000<V≤3000	常温	VOCs	1.034E0	7720.442
北京市	110000			汽油	固定顶罐	3000<V≤5000	T≤2.5	VOCs	7.844E-1	9634.168
北京市	110000			汽油	固定顶罐	3000<V≤5000	2.5<T≤7.5	VOCs	8.665E-1	10594.886
北京市	110000			汽油	固定顶罐	3000<V≤5000	7.5<T≤12.5	VOCs	9.551E-1	11665.201
北京市	110000			汽油	固定顶罐	3000<V≤5000	12.5<T≤17.5	VOCs	1.051E0	12868.213
北京市	110000			汽油	固定顶罐	3000<V≤5000	17.5<T≤22.5	VOCs	1.153E0	14234.462
北京市	110000			汽油	固定顶罐	3000<V≤5000	22.5<T≤27.5	VOCs	1.263E0	15805.02
北京市	110000			汽油	固定顶罐	3000<V≤5000	27.5<T≤32.5	VOCs	1.381E0	17636.275
北京市	110000			汽油	固定顶罐	3000<V≤5000	32.5<T≤37.5	VOCs	1.506E0	19807.643
北京市	110000			汽油	固定顶罐	3000<V≤5000	T>37.5	VOCs	1.64E0	22434.469
北京市	110000			汽油	固定顶罐	3000<V≤5000	常温	VOCs	1.034E0	12653.137

省份	省份代码	地级市	地级市代码	物料名称	储罐类型	储罐容积 V/米^3	储存温度 T/摄氏度	污染物指标	工作损失排放系数/[千克/吨（周转量）]	静置损失排放系数/（千克/年）
北京市	110000			汽油	固定顶罐	$5000 < V \leqslant 10000$	$T \leqslant 2.5$	VOCs	7.844E-1	17667.49
北京市	110000			汽油	固定顶罐	$5000 < V \leqslant 10000$	$2.5 < T \leqslant 7.5$	VOCs	8.665E-1	19332.76
北京市	110000			汽油	固定顶罐	$5000 < V \leqslant 10000$	$7.5 < T \leqslant 12.5$	VOCs	9.551E-1	21186.278
北京市	110000			汽油	固定顶罐	$5000 < V \leqslant 10000$	$12.5 < T \leqslant 17.5$	VOCs	1.051E0	23268.759
北京市	110000			汽油	固定顶罐	$5000 < V \leqslant 10000$	$17.5 < T \leqslant 22.5$	VOCs	1.153E0	25633.875
北京市	110000			汽油	固定顶罐	$5000 < V \leqslant 10000$	$22.5 < T \leqslant 27.5$	VOCs	1.263E0	28353.635
北京市	110000			汽油	固定顶罐	$5000 < V \leqslant 10000$	$27.5 < T \leqslant 32.5$	VOCs	1.381E0	31526.73
北京市	110000			汽油	固定顶罐	$5000 < V \leqslant 10000$	$32.5 < T \leqslant 37.5$	VOCs	1.506E0	35291.961
北京市	110000			汽油	固定顶罐	$5000 < V \leqslant 10000$	$T > 37.5$	VOCs	1.64E0	39850.752
北京市	110000			汽油	固定顶罐	$5000 < V \leqslant 10000$	常温	VOCs	1.034E0	22896.469
北京市	110000			汽油	固定顶罐	$10000 < V \leqslant 20000$	$T \leqslant 2.5$	VOCs	7.844E-1	34652.064
北京市	110000			汽油	固定顶罐	$10000 < V \leqslant 20000$	$2.5 < T \leqslant 7.5$	VOCs	8.665E-1	37726.67
北京市	110000			汽油	固定顶罐	$10000 < V \leqslant 20000$	$7.5 < T \leqslant 12.5$	VOCs	9.551E-1	41149.043
北京市	110000			汽油	固定顶罐	$10000 < V \leqslant 20000$	$12.5 < T \leqslant 17.5$	VOCs	1.051E0	44996.082
北京市	110000			汽油	固定顶罐	$10000 < V \leqslant 20000$	$17.5 < T \leqslant 22.5$	VOCs	1.153E0	49368.802
北京市	110000			汽油	固定顶罐	$10000 < V \leqslant 20000$	$22.5 < T \leqslant 27.5$	VOCs	1.263E0	54402.366
北京市	110000			汽油	固定顶罐	$10000 < V \leqslant 20000$	$27.5 < T \leqslant 32.5$	VOCs	1.381E0	60281.682
北京市	110000			汽油	固定顶罐	$10000 < V \leqslant 20000$	$32.5 < T \leqslant 37.5$	VOCs	1.506E0	67266.484
北京市	110000			汽油	固定顶罐	$10000 < V \leqslant 20000$	$T > 37.5$	VOCs	1.64E0	75733.372
北京市	110000			汽油	固定顶罐	$10000 < V \leqslant 20000$	常温	VOCs	1.034E0	44308.142
北京市	110000			汽油	固定顶罐	$20000 < V \leqslant 30000$	$T \leqslant 2.5$	VOCs	7.844E-1	39179.498
北京市	110000			汽油	固定顶罐	$20000 < V \leqslant 30000$	$2.5 < T \leqslant 7.5$	VOCs	8.665E-1	42554.541
北京市	110000			汽油	固定顶罐	$20000 < V \leqslant 30000$	$7.5 < T \leqslant 12.5$	VOCs	9.551E-1	46312.923
北京市	110000			汽油	固定顶罐	$20000 < V \leqslant 30000$	$12.5 < T \leqslant 17.5$	VOCs	1.051E0	50540.097
北京市	110000			汽油	固定顶罐	$20000 < V \leqslant 30000$	$17.5 < T \leqslant 22.5$	VOCs	1.153E0	55348.122
北京市	110000			汽油	固定顶罐	$20000 < V \leqslant 30000$	$22.5 < T \leqslant 27.5$	VOCs	1.263E0	60886.76
北京市	110000			汽油	固定顶罐	$20000 < V \leqslant 30000$	$27.5 < T \leqslant 32.5$	VOCs	1.381E0	67360.725
北京市	110000			汽油	固定顶罐	$20000 < V \leqslant 30000$	$32.5 < T \leqslant 37.5$	VOCs	1.506E0	75057.425
北京市	110000			汽油	固定顶罐	$20000 < V \leqslant 30000$	$T > 37.5$	VOCs	1.64E0	84393.45
北京市	110000			汽油	固定顶罐	$20000 < V \leqslant 30000$	常温	VOCs	1.034E0	49783.984
北京市	110000			渣油	固定顶罐	$V \leqslant 100$	$T \leqslant 102.5$	VOCs	6.725E-4	0.093
北京市	110000			渣油	固定顶罐	$V \leqslant 100$	$102.5 < T \leqslant 107.5$	VOCs	8.174E-4	0.112
北京市	110000			渣油	固定顶罐	$V \leqslant 100$	$107.5 < T \leqslant 112.5$	VOCs	9.904E-4	0.133
北京市	110000			渣油	固定顶罐	$V \leqslant 100$	$112.5 < T \leqslant 117.5$	VOCs	1.196E-3	0.158

省份	省份代码	地级市	地级市代码	物料名称	储罐类型	储罐容积 V/米³	储存温度 T/摄氏度	污染物指标	工作损失排放系数/[千克/吨（周转量）]	静置损失排放系数/（千克/年）
北京市	110000			渣油	固定顶罐	V≤100	117.5<T≤122.5	VOCs	1.44E-3	0.187
北京市	110000			渣油	固定顶罐	V≤100	122.5<T≤127.5	VOCs	1.729E-3	0.221
北京市	110000			渣油	固定顶罐	V≤100	127.5<T≤132.5	VOCs	2.069E-3	0.26
北京市	110000			渣油	固定顶罐	V≤100	132.5<T≤137.5	VOCs	2.469E-3	0.306
北京市	110000			渣油	固定顶罐	V≤100	T>137.5	VOCs	2.938E-3	0.358
北京市	110000			渣油	固定顶罐	V≤100	常温	VOCs	1.286E-5	0.002
北京市	110000			渣油	固定顶罐	100<V≤200	T≤102.5	VOCs	6.725E-4	0.187
北京市	110000			渣油	固定顶罐	100<V≤200	102.5<T≤107.5	VOCs	8.174E-4	0.223
北京市	110000			渣油	固定顶罐	100<V≤200	107.5<T≤112.5	VOCs	9.904E-4	0.266
北京市	110000			渣油	固定顶罐	100<V≤200	112.5<T≤117.5	VOCs	1.196E-3	0.316
北京市	110000			渣油	固定顶罐	100<V≤200	117.5<T≤122.5	VOCs	1.44E-3	0.374
北京市	110000			渣油	固定顶罐	100<V≤200	122.5<T≤127.5	VOCs	1.729E-3	0.442
北京市	110000			渣油	固定顶罐	100<V≤200	127.5<T≤132.5	VOCs	2.069E-3	0.52
北京市	110000			渣油	固定顶罐	100<V≤200	132.5<T≤137.5	VOCs	2.469E-3	0.61
北京市	110000			渣油	固定顶罐	100<V≤200	T>137.5	VOCs	2.938E-3	0.715
北京市	110000			渣油	固定顶罐	100<V≤200	常温	VOCs	1.286E-5	0.005
北京市	110000			渣油	固定顶罐	200<V≤300	T≤102.5	VOCs	6.725E-4	0.28
北京市	110000			渣油	固定顶罐	200<V≤300	102.5<T≤107.5	VOCs	8.174E-4	0.335
北京市	110000			渣油	固定顶罐	200<V≤300	107.5<T≤112.5	VOCs	9.904E-4	0.399
北京市	110000			渣油	固定顶罐	200<V≤300	112.5<T≤117.5	VOCs	1.196E-3	0.474
北京市	110000			渣油	固定顶罐	200<V≤300	117.5<T≤122.5	VOCs	1.44E-3	0.562
北京市	110000			渣油	固定顶罐	200<V≤300	122.5<T≤127.5	VOCs	1.729E-3	0.663
北京市	110000			渣油	固定顶罐	200<V≤300	127.5<T≤132.5	VOCs	2.069E-3	0.781
北京市	110000			渣油	固定顶罐	200<V≤300	132.5<T≤137.5	VOCs	2.469E-3	0.916
北京市	110000			渣油	固定顶罐	200<V≤300	T>137.5	VOCs	2.938E-3	1.073
北京市	110000			渣油	固定顶罐	200<V≤300	常温	VOCs	1.286E-5	0.007
北京市	110000			渣油	固定顶罐	300<V≤400	T≤102.5	VOCs	6.725E-4	0.373
北京市	110000			渣油	固定顶罐	300<V≤400	102.5<T≤107.5	VOCs	8.174E-4	0.446
北京市	110000			渣油	固定顶罐	300<V≤400	107.5<T≤112.5	VOCs	9.904E-4	0.532
北京市	110000			渣油	固定顶罐	300<V≤400	112.5<T≤117.5	VOCs	1.196E-3	0.631
北京市	110000			渣油	固定顶罐	300<V≤400	117.5<T≤122.5	VOCs	1.44E-3	0.748
北京市	110000			渣油	固定顶罐	300<V≤400	122.5<T≤127.5	VOCs	1.729E-3	0.882
北京市	110000			渣油	固定顶罐	300<V≤400	127.5<T≤132.5	VOCs	2.069E-3	1.039
北京市	110000			渣油	固定顶罐	300<V≤400	132.5<T≤137.5	VOCs	2.469E-3	1.219

省份	省份代码	地级市	地级市代码	物料名称	储罐类型	储罐容积 V/米^3	储存温度 T/摄氏度	污染物指标	工作损失排放系数/[千克/吨（周转量）]	静置损失排放系数/（千克/年）
北京市	110000			渣油	固定顶罐	$300<V\leqslant400$	$T>137.5$	VOCs	2.938E-3	1.428
北京市	110000			渣油	固定顶罐	$300<V\leqslant400$	常温	VOCs	1.286E-5	0.01
北京市	110000			渣油	固定顶罐	$400<V\leqslant500$	$T\leqslant102.5$	VOCs	6.725E-4	0.472
北京市	110000			渣油	固定顶罐	$400<V\leqslant500$	$102.5<T\leqslant107.5$	VOCs	8.174E-4	0.564
北京市	110000			渣油	固定顶罐	$400<V\leqslant500$	$107.5<T\leqslant112.5$	VOCs	9.904E-4	0.672
北京市	110000			渣油	固定顶罐	$400<V\leqslant500$	$112.5<T\leqslant117.5$	VOCs	1.196E-3	0.798
北京市	110000			渣油	固定顶罐	$400<V\leqslant500$	$117.5<T\leqslant122.5$	VOCs	1.44E-3	0.945
北京市	110000			渣油	固定顶罐	$400<V\leqslant500$	$122.5<T\leqslant127.5$	VOCs	1.729E-3	1.115
北京市	110000			渣油	固定顶罐	$400<V\leqslant500$	$127.5<T\leqslant132.5$	VOCs	2.069E-3	1.313
北京市	110000			渣油	固定顶罐	$400<V\leqslant500$	$132.5<T\leqslant137.5$	VOCs	2.469E-3	1.541
北京市	110000			渣油	固定顶罐	$400<V\leqslant500$	$T>137.5$	VOCs	2.938E-3	1.804
北京市	110000			渣油	固定顶罐	$400<V\leqslant500$	常温	VOCs	1.286E-5	0.012
北京市	110000			渣油	固定顶罐	$500<V\leqslant600$	$T\leqslant102.5$	VOCs	6.725E-4	0.562
北京市	110000			渣油	固定顶罐	$500<V\leqslant600$	$102.5<T\leqslant107.5$	VOCs	8.174E-4	0.672
北京市	110000			渣油	固定顶罐	$500<V\leqslant600$	107.5	VOCs	9.904E-4	0.801
北京市	110000			渣油	固定顶罐	$500<V\leqslant600$	$112.5<T\leqslant117.5$	VOCs	1.196E-3	0.951
北京市	110000			渣油	固定顶罐	$500<V\leqslant600$	$117.5<T\leqslant122.5$	VOCs	1.44E-3	1.126
北京市	110000			渣油	固定顶罐	$500<V\leqslant600$	$122.5<T\leqslant127.5$	VOCs	1.729E-3	1.329
北京市	110000			渣油	固定顶罐	$500<V\leqslant600$	$127.5<T\leqslant132.5$	VOCs	2.069E-3	1.565
北京市	110000			渣油	固定顶罐	$500<V\leqslant600$	$132.5<T\leqslant137.5$	VOCs	2.469E-3	1.837
北京市	110000			渣油	固定顶罐	$500<V\leqslant600$	$T>137.5$	VOCs	2.938E-3	2.15
北京市	110000			渣油	固定顶罐	$500<V\leqslant600$	常温	VOCs	1.286E-5	0.014
北京市	110000			渣油	固定顶罐	$600<V\leqslant700$	$T\leqslant102.5$	VOCs	6.725E-4	0.669
北京市	110000			渣油	固定顶罐	$600<V\leqslant700$	$102.5<T\leqslant107.5$	VOCs	8.174E-4	0.799
北京市	110000			渣油	固定顶罐	$600<V\leqslant700$	$107.5<T\leqslant112.5$	VOCs	9.904E-4	0.952
北京市	110000			渣油	固定顶罐	$600<V\leqslant700$	$112.5<T\leqslant117.5$	VOCs	1.196E-3	1.131
北京市	110000			渣油	固定顶罐	$600<V\leqslant700$	$117.5<T\leqslant122.5$	VOCs	1.44E-3	1.339
北京市	110000			渣油	固定顶罐	$600<V\leqslant700$	$122.5<T\leqslant127.5$	VOCs	1.729E-3	1.581
北京市	110000			渣油	固定顶罐	$600<V\leqslant700$	$127.5<T\leqslant132.5$	VOCs	2.069E-3	1.861
北京市	110000			渣油	固定顶罐	$600<V\leqslant700$	$132.5<T\leqslant137.5$	VOCs	2.469E-3	2.184
北京市	110000			渣油	固定顶罐	$600<V\leqslant700$	$T>137.5$	VOCs	2.938E-3	2.557
北京市	110000			渣油	固定顶罐	$600<V\leqslant700$	常温	VOCs	1.286E-5	0.017
北京市	110000			渣油	固定顶罐	$700<V\leqslant800$	$T\leqslant102.5$	VOCs	6.725E-4	0.753
北京市	110000			渣油	固定顶罐	$700<V\leqslant800$	$102.5<T\leqslant107.5$	VOCs	8.174E-4	0.899

省份	省份代码	地级市	地级市代码	物料名称	储罐类型	储罐容积 V/米³	储存温度 T/摄氏度	污染物指标	工作损失排放系数/[千克/吨（周转量）]	静置损失排放系数/（千克/年）
北京市	110000			渣油	固定顶罐	700<V≤800	107.5<T≤112.5	VOCs	9.904E-4	1.072
北京市	110000			渣油	固定顶罐	700<V≤800	112.5<T≤117.5	VOCs	1.196E-3	1.273
北京市	110000			渣油	固定顶罐	700<V≤800	117.5<T≤122.5	VOCs	1.44E-3	1.507
北京市	110000			渣油	固定顶罐	700<V≤800	122.5<T≤127.5	VOCs	1.729E-3	1.779
北京市	110000			渣油	固定顶罐	700<V≤800	127.5<T≤132.5	VOCs	2.069E-3	2.094
北京市	110000			渣油	固定顶罐	700<V≤800	132.5<T≤137.5	VOCs	2.469E-3	2.458
北京市	110000			渣油	固定顶罐	700<V≤800	T>137.5	VOCs	2.938E-3	2.877
北京市	110000			渣油	固定顶罐	700<V≤800	常温	VOCs	1.286E-5	0.019
北京市	110000			渣油	固定顶罐	800<V≤1000	T≤102.5	VOCs	6.725E-4	0.96
北京市	110000			渣油	固定顶罐	800<V≤1000	102.5<T≤107.5	VOCs	8.174E-4	1.147
北京市	110000			渣油	固定顶罐	800<V≤1000	107.5<T≤112.5	VOCs	9.904E-4	1.366
北京市	110000			渣油	固定顶罐	800<V≤1000	112.5<T≤117.5	VOCs	1.196E-3	1.623
北京市	110000			渣油	固定顶罐	800<V≤1000	117.5<T≤122.5	VOCs	1.44E-3	1.921
北京市	110000			渣油	固定顶罐	800<V≤1000	122.5<T≤127.5	VOCs	1.729E-3	2.268
北京市	110000			渣油	固定顶罐	800<V≤1000	127.5<T≤132.5	VOCs	2.069E-3	2.67
北京市	110000			渣油	固定顶罐	800<V≤1000	132.5<T≤137.5	VOCs	2.469E-3	3.134
北京市	110000			渣油	固定顶罐	800<V≤1000	T>137.5	VOCs	2.938E-3	3.668
北京市	110000			渣油	固定顶罐	800<V≤1000	常温	VOCs	1.286E-5	0.025
北京市	110000			渣油	固定顶罐	1000<V≤1500	T≤102.5	VOCs	6.725E-4	1.469
北京市	110000			渣油	固定顶罐	1000<V≤1500	102.5<T≤107.5	VOCs	8.174E-4	1.756
北京市	110000			渣油	固定顶罐	1000<V≤1500	107.5<T≤112.5	VOCs	9.904E-4	2.092
北京市	110000			渣油	固定顶罐	1000<V≤1500	112.5<T≤117.5	VOCs	1.196E-3	2.484
北京市	110000			渣油	固定顶罐	1000<V≤1500	117.5<T≤122.5	VOCs	1.44E-3	2.941
北京市	110000			渣油	固定顶罐	1000<V≤1500	122.5	VOCs	1.729E-3	3.472
北京市	110000			渣油	固定顶罐	1000<V≤1500	127.5<T≤132.5	VOCs	2.069E-3	4.087
北京市	110000			渣油	固定顶罐	1000<V≤1500	132.5<T≤137.5	VOCs	2.469E-3	4.796
北京市	110000			渣油	固定顶罐	1000<V≤1500	T>137.5	VOCs	2.938E-3	5.614
北京市	110000			渣油	固定顶罐	1000<V≤1500	常温	VOCs	1.286E-5	0.038
北京市	110000			渣油	固定顶罐	1500<V≤2000	T≤102.5	VOCs	6.725E-4	2.11
北京市	110000			渣油	固定顶罐	1500<V≤2000	102.5<T≤107.5	VOCs	8.174E-4	2.522
北京市	110000			渣油	固定顶罐	1500<V≤2000	107.5<T≤112.5	VOCs	9.904E-4	3.005
北京市	110000			渣油	固定顶罐	1500<V≤2000	112.5<T≤117.5	VOCs	1.196E-3	3.569
北京市	110000			渣油	固定顶罐	1500<V≤2000	117.5<T≤122.5	VOCs	1.44E-3	4.226
北京市	110000			渣油	固定顶罐	1500<V≤2000	122.5<T≤127.5	VOCs	1.729E-3	4.988

省份	省份代码	地级市	地级市代码	物料名称	储罐类型	储罐容积 V/米^3	储存温度 T/摄氏度	污染物指标	工作损失排放系数/[千克/吨（周转量）]	静置损失排放系数/（千克/年）
北京市	110000			渣油	固定顶罐	$1500<V\leqslant2000$	$127.5<T\leqslant132.5$	VOCs	2.069E-3	5.871
北京市	110000			渣油	固定顶罐	$1500<V\leqslant2000$	$132.5<T\leqslant137.5$	VOCs	2.469E-3	6.891
北京市	110000			渣油	固定顶罐	$1500<V\leqslant2000$	$T>137.5$	VOCs	2.938E-3	8.066
北京市	110000			渣油	固定顶罐	$1500<V\leqslant2000$	常温	VOCs	1.286E-5	0.054
北京市	110000			渣油	固定顶罐	$2000<V\leqslant3000$	$T\leqslant102.5$	VOCs	6.725E-4	3.323
北京市	110000			渣油	固定顶罐	$2000<V\leqslant3000$	$102.5<T\leqslant107.5$	VOCs	8.174E-4	3.972
北京市	110000			渣油	固定顶罐	$2000<V\leqslant3000$	$107.5<T\leqslant112.5$	VOCs	9.904E-4	4.732
北京市	110000			渣油	固定顶罐	$2000<V\leqslant3000$	$112.5<T\leqslant117.5$	VOCs	1.196E-3	5.62
北京市	110000			渣油	固定顶罐	$2000<V\leqslant3000$	$117.5<T\leqslant122.5$	VOCs	1.44E-3	6.653
北京市	110000			渣油	固定顶罐	$2000<V\leqslant3000$	$122.5<T\leqslant127.5$	VOCs	1.729E-3	7.854
北京市	110000			渣油	固定顶罐	$2000<V\leqslant3000$	$127.5<T\leqslant132.5$	VOCs	2.069E-3	9.244
北京市	110000			渣油	固定顶罐	$2000<V\leqslant3000$	$132.5<T\leqslant137.5$	VOCs	2.469E-3	10.849
北京市	110000			渣油	固定顶罐	$2000<V\leqslant3000$	$T>137.5$	VOCs	2.938E-3	12.698
北京市	110000			渣油	固定顶罐	$2000<V\leqslant3000$	常温	VOCs	1.286E-5	0.085
北京市	110000			渣油	固定顶罐	$3000<V\leqslant5000$	$T\leqslant102.5$	VOCs	6.725E-4	5.984
北京市	110000			渣油	固定顶罐	$3000<V\leqslant5000$	$102.5<T\leqslant107.5$	VOCs	8.174E-4	7.152
北京市	110000			渣油	固定顶罐	$3000<V\leqslant5000$	$107.5<T\leqslant112.5$	VOCs	9.904E-4	8.521
北京市	110000			渣油	固定顶罐	$3000<V\leqslant5000$	$112.5<T\leqslant117.5$	VOCs	1.196E-3	10.119
北京市	110000			渣油	固定顶罐	$3000<V\leqslant5000$	$117.5<T\leqslant122.5$	VOCs	1.44E-3	11.979
北京市	110000			渣油	固定顶罐	$3000<V\leqslant5000$	$122.5<T\leqslant127.5$	VOCs	1.729E-3	14.14
北京市	110000			渣油	固定顶罐	$3000<V\leqslant5000$	$127.5<T\leqslant132.5$	VOCs	2.069E-3	16.642
北京市	110000			渣油	固定顶罐	$3000<V\leqslant5000$	$132.5<T\leqslant137.5$	VOCs	2.469E-3	19.53
北京市	110000			渣油	固定顶罐	$3000<V\leqslant5000$	$T>137.5$	VOCs	2.938E-3	22.857
北京市	110000			渣油	固定顶罐	$3000<V\leqslant5000$	常温	VOCs	1.286E-5	0.154
北京市	110000			渣油	固定顶罐	$5000<V\leqslant10000$	$T\leqslant102.5$	VOCs	6.725E-4	12.597
北京市	110000			渣油	固定顶罐	$5000<V\leqslant10000$	$102.5<T\leqslant107.5$	VOCs	8.174E-4	15.055
北京市	110000			渣油	固定顶罐	$5000<V\leqslant10000$	$107.5<T\leqslant112.5$	VOCs	9.904E-4	17.934
北京市	110000			渣油	固定顶罐	$5000<V\leqslant10000$	$112.5<T\leqslant117.5$	VOCs	1.196E-3	21.297
北京市	110000			渣油	固定顶罐	$5000<V\leqslant10000$	$117.5<T\leqslant122.5$	VOCs	1.44E-3	25.211
北京市	110000			渣油	固定顶罐	$5000<V\leqslant10000$	$122.5<T\leqslant127.5$	VOCs	1.729E-3	29.756
北京市	110000			渣油	固定顶罐	$5000<V\leqslant10000$	$127.5<T\leqslant132.5$	VOCs	2.069E-3	35.016
北京市	110000			渣油	固定顶罐	$5000<V\leqslant10000$	$132.5<T\leqslant137.5$	VOCs	2.469E-3	41.09
北京市	110000			渣油	固定顶罐	$5000<V\leqslant1000$	$T>137.5$	VOCs	2.938E-3	48.082
北京市	110000			渣油	固定顶罐	$5000<V\leqslant10000$	常温	VOCs	1.286E-5	0.323

省份	省份代码	地级市	地级市代码	物料名称	储罐类型	储罐容积 V/米^3	储存温度 T/摄氏度	污染物指标	工作损失排放系数/[千克/吨（周转量）]	静置损失排放系数/（千克/年）
北京市	110000			渣油	固定顶罐	$10000 < V \leq 20000$	$T \leq 102.5$	VOCs	6.725E-4	29.106
北京市	110000			渣油	固定顶罐	$10000 < V \leq 20000$	$102.5 < T \leq 107.5$	VOCs	8.174E-4	34.783
北京市	110000			渣油	固定顶罐	$10000 < V \leq 20000$	$107.5 < T \leq 112.5$	VOCs	9.904E-4	41.433
北京市	110000			渣油	固定顶罐	$10000 < V \leq 20000$	$112.5 < T \leq 117.5$	VOCs	1.196E-3	49.196
北京市	110000			渣油	固定顶罐	$10000 < V \leq 20000$	$117.5 < T \leq 122.5$	VOCs	1.44E-3	58.233
北京市	110000			渣油	固定顶罐	$10000 < V \leq 20000$	$122.5 < T \leq 127.5$	VOCs	1.729E-3	68.722
北京市	110000			渣油	固定顶罐	$10000 < V \leq 20000$	$127.5 < T \leq 132.5$	VOCs	2.069E-3	80.861
北京市	110000			渣油	固定顶罐	$10000 < V \leq 20000$	$132.5 < T \leq 137.5$	VOCs	2.469E-3	94.869
北京市	110000			渣油	固定顶罐	$10000 < V \leq 20000$	$T > 137.5$	VOCs	2.938E-3	110.99
北京市	110000			渣油	固定顶罐	$10000 < V \leq 20000$	常温	VOCs	1.286E-5	0.747
北京市	110000			渣油	固定顶罐	$20000 < V \leq 30000$	$T \leq 102.5$	VOCs	6.725E-4	35.921
北京市	110000			渣油	固定顶罐	$20000 < V \leq 30000$	$102.5 < T \leq 107.5$	VOCs	8.174E-4	42.927
北京市	110000			渣油	固定顶罐	$20000 < V \leq 30000$	$107.5 < T \leq 112.5$	VOCs	9.904E-4	51.131
北京市	110000			渣油	固定顶罐	$20000 < V \leq 30000$	$112.5 < T \leq 117.5$	VOCs	1.196E-3	60.708
北京市	110000			渣油	固定顶罐	$20000 < V \leq 30000$	$117.5 < T \leq 122.5$	VOCs	1.44E-3	71.856
北京市	110000			渣油	固定顶罐	$20000 < V \leq 30000$	$122.5 < T \leq 127.5$	VOCs	1.729E-3	84.792
北京市	110000			渣油	固定顶罐	$20000 < V \leq 30000$	$127.5 < T \leq 132.5$	VOCs	2.069E-3	99.76
北京市	110000			渣油	固定顶罐	$20000 < V \leq 30000$	$132.5 < T \leq 137.5$	VOCs	2.469E-3	117.03
北京市	110000			渣油	固定顶罐	$20000 < V \leq 30000$	$T > 137.5$	VOCs	2.938E-3	136.901
北京市	110000			渣油	固定顶罐	$20000 < V \leq 30000$	常温	VOCs	1.286E-5	0.922
北京市	110000			柴油	固定顶罐	$V \leq 100$	$T \leq 12.5$	VOCs	6.705E-2	12.944
北京市	110000			柴油	固定顶罐	$V \leq 100$	$12.5 < T \leq 17.5$	VOCs	7.627E-2	14.618
北京市	110000			柴油	固定顶罐	$V \leq 100$	$17.5 < T \leq 22.5$	VOCs	8.653E-2	16.48
北京市	110000			柴油	固定顶罐	$V \leq 100$	$22.5 < T \leq 27.5$	VOCs	9.793E-2	18.549
北京市	110000			柴油	固定顶罐	$V \leq 100$	$27.5 < T \leq 32.5$	VOCs	1.106E-1	20.845
北京市	110000			柴油	固定顶罐	$V \leq 100$	$32.5 < T \leq 37.5$	VOCs	1.245E-1	23.392
北京市	110000			柴油	固定顶罐	$V \leq 100$	$37.5 < T \leq 42.5$	VOCs	1.399E-1	26.213
北京市	110000			柴油	固定顶罐	$V \leq 100$	$42.5 < T \leq 47.5$	VOCs	1.569E-1	29.337
北京市	110000			柴油	固定顶罐	$V \leq 100$	$T > 47.5$	VOCs	1.756E-1	32.793
北京市	110000			柴油	固定顶罐	$V \leq 100$	常温	VOCs	7.463E-2	14.321
北京市	110000			柴油	固定顶罐	$100 < V \leq 200$	$T \leq 12.5$	VOCs	6.705E-2	25.672
北京市	110000			柴油	固定顶罐	$100 < V \leq 200$	$12.5 < T \leq 17.5$	VOCs	7.627E-2	28.96
北京市	110000			柴油	固定顶罐	$100 < V \leq 200$	$17.5 < T \leq 22.5$	VOCs	8.653E-2	32.608
北京市	110000			柴油	固定顶罐	$100 < V \leq 200$	$22.5 < T \leq 27.5$	VOCs	9.793E-2	36.652

省份	省份代码	地级市	地级市代码	物料名称	储罐类型	储罐容积 V/米^3	储存温度 T/摄氏度	污染物指标	工作损失排放系数/[千克/吨（周转量）]	静置损失排放系数/（千克/年）
北京市	110000			柴油	固定顶罐	$100 < V \leqslant 200$	$27.5 < T \leqslant 32.5$	VOCs	1.106E-1	41.128
北京市	110000			柴油	固定顶罐	$100 < V \leqslant 200$	$32.5 < T \leqslant 37.5$	VOCs	1.245E-1	46.077
北京市	110000			柴油	固定顶罐	$100 < V \leqslant 200$	$37.5 < T \leqslant 42.5$	VOCs	1.399E-1	51.542
北京市	110000			柴油	固定顶罐	$100 < V \leqslant 200$	$42.5 < T \leqslant 47.5$	VOCs	1.569E-1	57.57
北京市	110000			柴油	固定顶罐	$100 < V \leqslant 200$	$T > 47.5$	VOCs	1.756E-1	64.213
北京市	110000			柴油	固定顶罐	$100 < V \leqslant 200$	常温	VOCs	7.463E-2	28.376
北京市	110000			柴油	固定顶罐	$200 < V \leqslant 300$	$T \leqslant 12.5$	VOCs	6.705E-2	38.334
北京市	110000			柴油	固定顶罐	$200 < V \leqslant 300$	$12.5 < T \leqslant 17.5$	VOCs	7.627E-2	43.211
北京市	110000			柴油	固定顶罐	$200 < V \leqslant 300$	$17.5 < T \leqslant 22.5$	VOCs	8.653E-2	48.614
北京市	110000			柴油	固定顶罐	$200 < V \leqslant 300$	$22.5 < T \leqslant 27.5$	VOCs	9.793E-2	54.592
北京市	110000			柴油	固定顶罐	$200 < V \leqslant 300$	$27.5 < T \leqslant 32.5$	VOCs	1.106E-1	61.195
北京市	110000			柴油	固定顶罐	$200 < V \leqslant 300$	$32.5 < T \leqslant 37.5$	VOCs	1.245E-1	68.481
北京市	110000			柴油	固定顶罐	$200 < V \leqslant 300$	$37.5 < T \leqslant 42.5$	VOCs	1.399E-1	76.508
北京市	110000			柴油	固定顶罐	$200 < V \leqslant 300$	$42.5 < T \leqslant 47.5$	VOCs	1.569E-1	85.342
北京市	110000			柴油	固定顶罐	$200 < V \leqslant 300$	$T > 47.5$	VOCs	1.756E-1	95.05
北京市	110000			柴油	固定顶罐	$200 < V \leqslant 300$	常温	VOCs	7.463E-2	42.346
北京市	110000			柴油	固定顶罐	$300 < V \leqslant 400$	$T \leqslant 12.5$	VOCs	6.705E-2	50.809
北京市	110000			柴油	固定顶罐	$300 < V \leqslant 400$	$12.5 < T \leqslant 17.5$	VOCs	7.627E-2	57.238
北京市	110000			柴油	固定顶罐	$300 < V \leqslant 400$	$17.5 < T \leqslant 22.5$	VOCs	8.653E-2	64.353
北京市	110000			柴油	固定顶罐	$300 < V \leqslant 400$	$22.5 < T \leqslant 27.5$	VOCs	9.793E-2	72.213
北京市	110000			柴油	固定顶罐	$300 < V \leqslant 400$	$27.5 < T \leqslant 32.5$	VOCs	1.106E-1	80.883
北京市	110000			柴油	固定顶罐	$300 < V \leqslant 400$	$32.5 < T \leqslant 37.5$	VOCs	1.245E-1	90.433
北京市	110000			柴油	固定顶罐	$300 < V \leqslant 400$	$37.5 < T \leqslant 42.5$	VOCs	1.399E-1	100.937
北京市	110000			柴油	固定顶罐	$300 < V \leqslant 400$	$42.5 < T \leqslant 47.5$	VOCs	1.569E-1	112.473
北京市	110000			柴油	固定顶罐	$300 < V \leqslant 400$	$T > 47.5$	VOCs	1.756E-1	125.127
北京市	110000			柴油	固定顶罐	$300 < V \leqslant 400$	常温	VOCs	7.463E-2	56.099
北京市	110000			柴油	固定顶罐	$400 < V \leqslant 500$	$T \leqslant 12.5$	VOCs	6.705E-2	63.98
北京市	110000			柴油	固定顶罐	$400 < V \leqslant 500$	$12.5 < T \leqslant 17.5$	VOCs	7.627E-2	72.038
北京市	110000			柴油	固定顶罐	$400 < V \leqslant 500$	$17.5 < T \leqslant 22.5$	VOCs	8.653E-2	80.945
北京市	110000			柴油	固定顶罐	$400 < V \leqslant 500$	$22.5 < T \leqslant 27.5$	VOCs	9.793E-2	90.773
北京市	110000			柴油	固定顶罐	$400 < V \leqslant 500$	$27.5 < T \leqslant 32.5$	VOCs	1.106E-1	101.6
北京市	110000			柴油	固定顶罐	$400 < V \leqslant 500$	$32.5 < T \leqslant 37.5$	VOCs	1.245E-1	113.508
北京市	110000			柴油	固定顶罐	$400 < V \leqslant 500$	$37.5 < T \leqslant 42.5$	VOCs	1.399E-1	126.585
北京市	110000			柴油	固定顶罐	$400 < V \leqslant 500$	$42.5 < T \leqslant 47.5$	VOCs	1.569E-1	140.924

省份	省份代码	地级市	地级市代码	物料名称	储罐类型	储罐容积 V/米^3	储存温度 T/摄氏度	污染物指标	工作损失排放系数/[千克/吨（周转量）]	静置损失排放系数/（千克/年）
北京市	110000			柴油	固定顶罐	$400<V\leq500$	$T>47.5$	VOCs	1.756E-1	156.623
北京市	110000			柴油	固定顶罐	$400<V\leq500$	常温	VOCs	7.463E-2	70.61
北京市	110000			柴油	固定顶罐	$500<V\leq600$	$T\leq12.5$	VOCs	6.705E-2	76.064
北京市	110000			柴油	固定顶罐	$500<V\leq600$	$12.5<T\leq17.5$	VOCs	7.627E-2	85.614
北京市	110000			柴油	固定顶罐	$500<V\leq600$	$17.5<T\leq22.5$	VOCs	8.653E-2	96.162
北京市	110000			柴油	固定顶罐	$500<V\leq600$	$22.5<T\leq27.5$	VOCs	9.793E-2	107.791
北京市	110000			柴油	固定顶罐	$500<V\leq600$	$27.5<T\leq32.5$	VOCs	1.106E-1	120.59
北京市	110000			柴油	固定顶罐	$500<V\leq600$	$32.5<T\leq37.5$	VOCs	1.245E-1	134.654
北京市	110000			柴油	固定顶罐	$500<V\leq600$	$37.5<T\leq42.5$	VOCs	1.399E-1	150.083
北京市	110000			柴油	固定顶罐	$500<V\leq600$	$42.5<T\leq47.5$	VOCs	1.569E-1	166.981
北京市	110000			柴油	固定顶罐	$500<V\leq600$	$T>47.5$	VOCs	1.756E-1	185.462
北京市	110000			柴油	固定顶罐	$500<V\leq600$	常温	VOCs	7.463E-2	83.923
北京市	110000			柴油	固定顶罐	$600<V\leq700$	$T\leq12.5$	VOCs	6.705E-2	90.299
北京市	110000			柴油	固定顶罐	$600<V\leq700$	$12.5<T\leq17.5$	VOCs	7.627E-2	101.613
北京市	110000			柴油	固定顶罐	$600<V\leq700$	$17.5<T\leq22.5$	VOCs	8.653E-2	114.103
北京市	110000			柴油	固定顶罐	$600<V\leq700$	$22.5<T\leq27.5$	VOCs	9.793E-2	127.866
北京市	110000			柴油	固定顶罐	$600<V\leq700$	$27.5<T\leq32.5$	VOCs	1.106E-1	143.005
北京市	110000			柴油	固定顶罐	$600<V\leq700$	$32.5<T\leq37.5$	VOCs	1.245E-1	159.629
北京市	110000			柴油	固定顶罐	$600<V\leq700$	$37.5<T\leq42.5$	VOCs	1.399E-1	177.855
北京市	110000			柴油	固定顶罐	$600<V\leq700$	$42.5<T\leq47.5$	VOCs	1.569E-1	197.803
北京市	110000			柴油	固定顶罐	$600<V\leq700$	$T>47.5$	VOCs	1.756E-1	219.601
北京市	110000			柴油	固定顶罐	$600<V\leq700$	常温	VOCs	7.463E-2	99.609
北京市	110000			柴油	固定顶罐	$700<V\leq800$	$T\leq12.5$	VOCs	6.705E-2	101.307
北京市	110000			柴油	固定顶罐	$700<V\leq800$	$12.5<T\leq17.5$	VOCs	7.627E-2	113.948
北京市	110000			柴油	固定顶罐	$700<V\leq800$	$17.5<T\leq22.5$	VOCs	8.653E-2	127.888
北京市	110000			柴油	固定顶罐	$700<V\leq800$	$22.5<T\leq27.5$	VOCs	9.793E-2	143.232
北京市	110000			柴油	固定顶罐	$700<V\leq800$	$27.5<T\leq32.5$	VOCs	1.106E-1	160.091
北京市	110000			柴油	固定顶罐	$700<V\leq800$	$32.5<T\leq37.5$	VOCs	1.245E-1	178.581
北京市	110000			柴油	固定顶罐	$700<V\leq800$	$37.5<T\leq42.5$	VOCs	1.399E-1	198.824
北京市	110000			柴油	固定顶罐	$700<V\leq800$	$42.5<T\leq47.5$	VOCs	1.569E-1	220.948
北京市	110000			柴油	固定顶罐	$700<V\leq800$	$T>47.5$	VOCs	1.756E-1	245.087
北京市	110000			柴油	固定顶罐	$700<V\leq800$	常温	VOCs	7.463E-2	111.71
北京市	110000			柴油	固定顶罐	$800<V\leq1000$	$T\leq12.5$	VOCs	6.705E-2	128.712
北京市	110000			柴油	固定顶罐	$800<V\leq1000$	$12.5<T\leq17.5$	VOCs	7.627E-2	144.7

省份	省份代码	地级市	地级市代码	物料名称	储罐类型	储罐容积 V/米³	储存温度 T/摄氏度	污染物指标	工作损失排放系数/[千克/吨（周转量）]	静置损失排放系数/（千克/年）
北京市	110000			柴油	固定顶罐	800<V≤1000	17.5<T≤22.5	VOCs	8.653E-2	162.314
北京市	110000			柴油	固定顶罐	800<V≤1000	22.5<T≤27.5	VOCs	9.793E-2	181.679
北京市	110000			柴油	固定顶罐	800<V≤1000	27.5<T≤32.5	VOCs	1.106E-1	202.93
北京市	110000			柴油	固定顶罐	800<V≤1000	32.5<T≤37.5	VOCs	1.245E-1	226.204
北京市	110000			柴油	固定顶罐	800<V≤1000	37.5<T≤42.5	VOCs	1.399E-1	251.649
北京市	110000			柴油	固定顶罐	800<V≤1000	42.5<T≤47.5	VOCs	1.569E-1	279.416
北京市	110000			柴油	固定顶罐	800<V≤1000	T>47.5	VOCs	1.756E-1	309.663
北京市	110000			柴油	固定顶罐	800<V≤1000	常温	VOCs	7.463E-2	141.871
北京市	110000			柴油	固定顶罐	1000<V≤1500	T≤12.5	VOCs	6.705E-2	195.74
北京市	110000			柴油	固定顶罐	1000<V≤1500	12.5<T≤17.5	VOCs	7.627E-2	219.852
北京市	110000			柴油	固定顶罐	1000<V≤1500	17.5<T≤22.5	VOCs	8.653E-2	246.363
北京市	110000			柴油	固定顶罐	1000<V≤1500	22.5<T≤27.5	VOCs	9.793E-2	275.449
北京市	110000			柴油	固定顶罐	1000<V≤1500	27.5<T≤32.5	VOCs	1.106E-1	307.293
北京市	110000			柴油	固定顶罐	1000<V≤1500	32.5<T≤37.5	VOCs	1.245E-1	342.085
北京市	110000			柴油	固定顶罐	1000<V≤1500	37.5<T≤42.5	VOCs	1.399E-1	380.021
北京市	110000			柴油	固定顶罐	1000<V≤1500	42.5<T≤47.5	VOCs	1.569E-1	421.303
北京市	110000			柴油	固定顶罐	1000<V≤1500	T>47.5	VOCs	1.756E-1	466.14
北京市	110000			柴油	固定顶罐	1000<V≤1500	常温	VOCs	7.463E-2	215.588
北京市	110000			柴油	固定顶罐	1500<V≤2000	T≤12.5	VOCs	6.705E-2	280.286
北京市	110000			柴油	固定顶罐	1500<V≤2000	12.5<T≤17.5	VOCs	7.627E-2	314.665
北京市	110000			柴油	固定顶罐	1500<V≤2000	17.5<T≤22.5	VOCs	8.653E-2	352.427
北京市	110000			柴油	固定顶罐	1500<V≤2000	22.5<T≤27.5	VOCs	9.793E-2	393.811
北京市	110000			柴油	固定顶罐	1500<V≤2000	27.5<T≤32.5	VOCs	1.106E-1	439.067
北京市	110000			柴油	固定顶罐	1500<V≤2000	32.5<T≤37.5	VOCs	1.245E-1	488.451
北京市	110000			柴油	固定顶罐	1500<V≤2000	37.5<T≤42.5	VOCs	1.399E-1	542.224
北京市	110000			柴油	固定顶罐	1500<V≤2000	42.5<T≤47.5	VOCs	1.569E-1	600.657
北京市	110000			柴油	固定顶罐	1500<V≤2000	T>47.5	VOCs	1.756E-1	664.029
北京市	110000			柴油	固定顶罐	1500<V≤2000	常温	VOCs	7.463E-2	308.588
北京市	110000			柴油	固定顶罐	2000<V≤3000	T≤12.5	VOCs	6.705E-2	438.392
北京市	110000			柴油	固定顶罐	2000<V≤3000	12.5<T≤17.5	VOCs	7.627E-2	491.709
北京市	110000			柴油	固定顶罐	2000<V≤3000	17.5<T≤22.5	VOCs	8.653E-2	550.156
北京市	110000			柴油	固定顶罐	2000<V≤3000	22.5<T≤27.5	VOCs	9.793E-2	614.075
北京市	110000			柴油	固定顶罐	2000<V≤3000	27.5<T≤32.5	VOCs	1.106E-1	683.813
北京市	110000			柴油	固定顶罐	2000<V≤3000	32.5<T≤37.5	VOCs	1.245E-1	759.724

省份	省份代码	地级市	地级市代码	物料名称	储罐类型	储罐容积 V/米^3	储存温度 T/摄氏度	污染物指标	工作损失排放系数/[千克/吨（周转量）]	静置损失排放系数/（千克/年）
北京市	110000			柴油	固定顶罐	$2000 < V \leq 3000$	$37.5 < T \leq 42.5$	VOCs	1.399E-1	842.168
北京市	110000			柴油	固定顶罐	$2000 < V \leq 3000$	$42.5 < T \leq 47.5$	VOCs	1.569E-1	931.51
北京市	110000			柴油	固定顶罐	$2000 < V \leq 3000$	$T > 47.5$	VOCs	1.756E-1	1028.122
北京市	110000			柴油	固定顶罐	$2000 < V \leq 3000$	常温	VOCs	7.463E-2	482.292
北京市	110000			柴油	固定顶罐	$3000 < V \leq 5000$	$T \leq 12.5$	VOCs	6.705E-2	780.893
北京市	110000			柴油	固定顶罐	$3000 < V \leq 5000$	$12.5 < T \leq 17.5$	VOCs	7.627E-2	874.566
北京市	110000			柴油	固定顶罐	$3000 < V \leq 5000$	$17.5 < T \leq 22.5$	VOCs	8.653E-2	976.931
北京市	110000			柴油	固定顶罐	$3000 < V \leq 5000$	$22.5 < T \leq 27.5$	VOCs	9.793E-2	1088.5
北京市	110000			柴油	固定顶罐	$3000 < V \leq 5000$	$27.5 < T \leq 32.5$	VOCs	1.106E-1	1209.783
北京市	110000			柴油	固定顶罐	$3000 < V \leq 5000$	$32.5 < T \leq 37.5$	VOCs	1.245E-1	1341.289
北京市	110000			柴油	固定顶罐	$3000 < V \leq 5000$	$37.5 < T \leq 42.5$	VOCs	1.399E-1	1483.526
北京市	110000			柴油	固定顶罐	$3000 < V \leq 5000$	$42.5 < T \leq 47.5$	VOCs	1.569E-1	1636.997
北京市	110000			柴油	固定顶罐	$3000 < V \leq 5000$	$T > 47.5$	VOCs	1.756E-1	1802.208
北京市	110000			柴油	固定顶罐	$3000 < V \leq 5000$	常温	VOCs	7.463E-2	858.042
北京市	110000			柴油	固定顶罐	$5000 < V \leq 10000$	$T \leq 12.5$	VOCs	6.705E-2	1612.091
北京市	110000			柴油	固定顶罐	$5000 < V \leq 10000$	$12.5 < T \leq 17.5$	VOCs	7.627E-2	1800.767
北京市	110000			柴油	固定顶罐	$5000 < V \leq 10000$	$17.5 < T \leq 22.5$	VOCs	8.653E-2	2005.819
北京市	110000			柴油	固定顶罐	$5000 < V \leq 10000$	$22.5 < T \leq 27.5$	VOCs	9.793E-2	2227.985
北京市	110000			柴油	固定顶罐	$5000 < V \leq 10000$	$27.5 < T \leq 32.5$	VOCs	1.106E-1	2467.969
北京市	110000			柴油	固定顶罐	$5000 < V \leq 10000$	$32.5 < T \leq 37.5$	VOCs	1.245E-1	2726.44
北京市	110000			柴油	固定顶罐	$5000 < V \leq 10000$	$37.5 < T \leq 42.5$	VOCs	1.399E-1	3004.033
北京市	110000			柴油	固定顶罐	$5000 < V \leq 10000$	$42.5 < T \leq 47.5$	VOCs	1.569E-1	3301.353
北京市	110000			柴油	固定顶罐	$5000 < V \leq 10000$	$T > 47.5$	VOCs	1.756E-1	3618.987
北京市	110000			柴油	固定顶罐	$5000 < V \leq 10000$	常温	VOCs	7.463E-2	1767.558
北京市	110000			柴油	固定顶罐	$10000 < V \leq 20000$	$T \leq 12.5$	VOCs	6.705E-2	3628.116
北京市	110000			柴油	固定顶罐	$10000 < V \leq 20000$	$12.5 < T \leq 17.5$	VOCs	7.627E-2	4038.854
北京市	110000			柴油	固定顶罐	$10000 < V \leq 20000$	$17.5 < T \leq 22.5$	VOCs	8.653E-2	4482.022
北京市	110000			柴油	固定顶罐	$10000 < V \leq 20000$	$22.5 < T \leq 27.5$	VOCs	9.793E-2	4958.48
北京市	110000			柴油	固定顶罐	$10000 < V \leq 20000$	$27.5 < T \leq 32.5$	VOCs	1.106E-1	5468.954
北京市	110000			柴油	固定顶罐	$10000 < V \leq 20000$	$32.5 < T \leq 37.5$	VOCs	1.245E-1	6014.043
北京市	110000			柴油	固定顶罐	$10000 < V \leq 20000$	$37.5 < T \leq 42.5$	VOCs	1.399E-1	6594.238
北京市	110000			柴油	固定顶罐	$10000 < V \leq 20000$	$42.5 < T \leq 47.5$	VOCs	1.569E-1	7209.949
北京市	110000			柴油	固定顶罐	$10000 < V \leq 20000$	$T > 47.5$	VOCs	1.756E-1	7861.545
北京市	110000			柴油	固定顶罐	$10000 < V \leq 20000$	常温	VOCs	7.463E-2	3966.767

省份	省份代码	地级市	地级市代码	物料名称	储罐类型	储罐容积 V/米³	储存温度 T/摄氏度	污染物指标	工作损失排放系数/[千克/吨（周转量）]	静置损失排放系数/（千克/年）
北京市	110000			柴油	固定顶罐	20000<V≤30000	T≤12.5	VOCs	6.705E-2	4408.357
北京市	110000			柴油	固定顶罐	20000<V≤30000	12.5<T≤17.5	VOCs	7.627E-2	4897.676
北京市	110000			柴油	固定顶罐	20000<V≤30000	17.5<T≤22.5	VOCs	8.653E-2	5423.425
北京市	110000			柴油	固定顶罐	20000<V≤30000	22.5<T≤27.5	VOCs	9.793E-2	5986.164
北京市	110000			柴油	固定顶罐	20000<V≤30000	27.5<T≤32.5	VOCs	1.106E-1	6586.272
北京市	110000			柴油	固定顶罐	20000<V≤30000	32.5<T≤37.5	VOCs	1.245E-1	7223.964
北京市	110000			柴油	固定顶罐	20000<V≤30000	37.5<T≤42.5	VOCs	1.399E-1	7899.33
北京市	110000			柴油	固定顶罐	20000<V≤30000	42.5<T≤47.5	VOCs	1.569E-1	8612.374
北京市	110000			柴油	固定顶罐	20000<V≤30000	T>47.5	VOCs	1.756E-1	9363.079
北京市	110000			柴油	固定顶罐	20000<V≤30000	常温	VOCs	7.463E-2	4811.94
北京市	110000			航空汽油	固定顶罐	V≤100	T≤2.5	VOCs	1.19E0	523.325
北京市	110000			航空汽油	固定顶罐	V≤100	2.5<T≤7.5	VOCs	1.305E0	598.239
北京市	110000			航空汽油	固定顶罐	V≤100	7.5<T≤12.5	VOCs	1.428E0	686.845
北京市	110000			航空汽油	固定顶罐	V≤100	12.5<T≤17.5	VOCs	1.559E0	793.348
北京市	110000			航空汽油	固定顶罐	V≤100	17.5<T≤22.5	VOCs	1.699E0	923.991
北京市	110000			航空汽油	固定顶罐	V≤100	22.5<T≤27.5	VOCs	1.847E0	1088.439
北京市	110000			航空汽油	固定顶罐	V≤100	27.5<T≤32.5	VOCs	2.002E0	1302.477
北京市	110000			航空汽油	固定顶罐	V≤100	32.5<T≤37.5	VOCs	2.164E0	1593.717
北京市	110000			航空汽油	固定顶罐	V≤100	T>37.5	VOCs	2.33E0	2015.179
北京市	110000			航空汽油	固定顶罐	V≤100	常温	VOCs	1.537E0	773.745
北京市	110000			航空汽油	固定顶罐	100<V≤200	T≤2.5	VOCs	1.19E0	930.211
北京市	110000			航空汽油	固定顶罐	100<V≤200	2.5<T≤7.5	VOCs	1.305E0	1057.067
北京市	110000			航空汽油	固定顶罐	100<V≤200	7.5<T≤12.5	VOCs	1.428E0	1206.622
北京市	110000			航空汽油	固定顶罐	100<V≤200	12.5<T≤17.5	VOCs	1.559E0	1385.92
北京市	110000			航空汽油	固定顶罐	100<V≤200	17.5<T≤22.5	VOCs	1.699E0	1605.424
北京市	110000			航空汽油	固定顶罐	100<V≤200	22.5<T≤27.5	VOCs	1.847E0	1881.333
北京市	110000			航空汽油	固定顶罐	100<V≤200	27.5<T≤32.5	VOCs	2.002E0	2240.097
北京市	110000			航空汽油	固定顶罐	100<V≤200	32.5<T≤37.5	VOCs	2.164E0	2727.985
北京市	110000			航空汽油	固定顶罐	100<V≤200	T>37.5	VOCs	2.33E0	3433.832
北京市	110000			航空汽油	固定顶罐	100<V≤200	常温	VOCs	1.537E0	1352.947
北京市	110000			航空汽油	固定顶罐	200<V≤300	T≤2.5	VOCs	1.19E0	1295.66
北京市	110000			航空汽油	固定顶罐	200<V≤300	2.5<T≤7.5	VOCs	1.305E0	1467.3
北京市	110000			航空汽油	固定顶罐	200<V≤300	7.5<T≤12.5	VOCs	1.428E0	1669.35
北京市	110000			航空汽油	固定顶罐	200<V≤300	12.5<T≤17.5	VOCs	1.559E0	1911.309

省份	省份代码	地级市	地级市代码	物料名称	储罐类型	储罐容积 V/米^3	储存温度 T/摄氏度	污染物指标	工作损失排放系数/[千克/吨（周转量）]	静置损失排放系数/（千克/年）
北京市	110000			航空汽油	固定顶罐	$200<V\leqslant300$	$17.5<T\leqslant22.5$	VOCs	1.699E0	2207.288
北京市	110000			航空汽油	固定顶罐	$200<V\leqslant300$	$22.5<T\leqslant27.5$	VOCs	1.847E0	2579.131
北京市	110000			航空汽油	固定顶罐	$200<V\leqslant300$	$27.5<T\leqslant32.5$	VOCs	2.002E0	3062.5
北京市	110000			航空汽油	固定顶罐	$200<V\leqslant300$	$32.5<T\leqslant37.5$	VOCs	2.164E0	3719.771
北京市	110000			航空汽油	固定顶罐	$200<V\leqslant300$	$T>37.5$	VOCs	2.33E0	4670.69
北京市	110000			航空汽油	固定顶罐	$200<V\leqslant300$	常温	VOCs	1.537E0	1866.829
北京市	110000			航空汽油	固定顶罐	$300<V\leqslant400$	$T\leqslant2.5$	VOCs	1.19E0	1631.513
北京市	110000			航空汽油	固定顶罐	$300<V\leqslant400$	$2.5<T\leqslant7.5$	VOCs	1.305E0	1843.262
北京市	110000			航空汽油	固定顶罐	$300<V\leqslant400$	$7.5<T\leqslant12.5$	VOCs	1.428E0	2092.31
北京市	110000			航空汽油	固定顶罐	$300<V\leqslant400$	$12.5<T\leqslant17.5$	VOCs	1.559E0	2390.366
北京市	110000			航空汽油	固定顶罐	$300<V\leqslant400$	$17.5<T\leqslant22.5$	VOCs	1.699E0	2754.817
北京市	110000			航空汽油	固定顶罐	$300<V\leqslant400$	$22.5<T\leqslant27.5$	VOCs	1.847E0	3212.58
北京市	110000			航空汽油	固定顶罐	$300<V\leqslant400$	$27.5<T\leqslant32.5$	VOCs	2.002E0	3807.589
北京市	110000			航空汽油	固定顶罐	$300<V\leqslant400$	$32.5<T\leqslant37.5$	VOCs	2.164E0	4616.678
北京市	110000			航空汽油	固定顶罐	$300<V\leqslant400$	$T>37.5$	VOCs	2.33E0	5787.339
北京市	110000			航空汽油	固定顶罐	$300<V\leqslant400$	常温	VOCs	1.537E0	2335.583
北京市	110000			航空汽油	固定顶罐	$400<V\leqslant500$	$T\leqslant2.5$	VOCs	1.19E0	1967.376
北京市	110000			航空汽油	固定顶罐	$400<V\leqslant500$	$2.5<T\leqslant7.5$	VOCs	1.305E0	2218.471
北京市	110000			航空汽油	固定顶罐	$400<V\leqslant500$	$7.5<T\leqslant12.5$	VOCs	1.428E0	2513.621
北京市	110000			航空汽油	固定顶罐	$400<V\leqslant500$	$12.5<T\leqslant17.5$	VOCs	1.559E0	2866.711
北京市	110000			航空汽油	固定顶罐	$400<V\leqslant500$	$17.5<T\leqslant22.5$	VOCs	1.699E0	3298.353
北京市	110000			航空汽油	固定顶罐	$400<V\leqslant500$	$22.5<T\leqslant27.5$	VOCs	1.847E0	3840.454
北京市	110000			航空汽油	固定顶罐	$400<V\leqslant500$	$27.5<T\leqslant32.5$	VOCs	2.002E0	4545.083
北京市	110000			航空汽油	固定顶罐	$400<V\leqslant500$	$32.5<T\leqslant37.5$	VOCs	2.164E0	5503.297
北京市	110000			航空汽油	固定顶罐	$400<V\leqslant500$	$T>37.5$	VOCs	2.33E0	6889.87
北京市	110000			航空汽油	固定顶罐	$400<V\leqslant500$	常温	VOCs	1.537E0	2801.821
北京市	110000			航空汽油	固定顶罐	$500<V\leqslant600$	$T\leqslant2.5$	VOCs	1.19E0	2274.195
北京市	110000			航空汽油	固定顶罐	$500<V\leqslant600$	$2.5<T\leqslant7.5$	VOCs	1.305E0	2561.39
北京市	110000			航空汽油	固定顶罐	$500<V\leqslant600$	$7.5<T\leqslant12.5$	VOCs	1.428E0	2898.865
北京市	110000			航空汽油	固定顶罐	$500<V\leqslant600$	$12.5<T\leqslant17.5$	VOCs	1.559E0	3302.506
北京市	110000			航空汽油	固定顶罐	$500<V\leqslant600$	$17.5<T\leqslant22.5$	VOCs	1.699E0	3795.894
北京市	110000			航空汽油	固定顶罐	$500<V\leqslant600$	$22.5<T\leqslant27.5$	VOCs	1.847E0	4415.521
北京市	110000			航空汽油	固定顶罐	$500<V\leqslant600$	$27.5<T\leqslant32.5$	VOCs	2.002E0	5220.942
北京市	110000			航空汽油	固定顶罐	$500<V\leqslant600$	$32.5<T\leqslant37.5$	VOCs	2.164E0	6316.289

省份	省份代码	地级市	地级市代码	物料名称	储罐类型	储罐容积 V/米^3	储存温度 T/摄氏度	污染物指标	工作损失排放系数/[千克/吨(周转量)]	静置损失排放系数/(千克/年)
北京市	110000			航空汽油	固定顶罐	$500<V\leqslant600$	$T>37.5$	VOCs	2.33E0	7901.433
北京市	110000			航空汽油	固定顶罐	$500<V\leqslant600$	常温	VOCs	1.537E0	3228.33
北京市	110000			航空汽油	固定顶罐	$600<V\leqslant700$	$T\leqslant2.5$	VOCs	1.19E0	2652.155
北京市	110000			航空汽油	固定顶罐	$600<V\leqslant700$	$2.5<T\leqslant7.5$	VOCs	1.305E0	2984.875
北京市	110000			航空汽油	固定顶罐	$600<V\leqslant700$	$7.5<T\leqslant12.5$	VOCs	1.428E0	3375.773
北京市	110000			航空汽油	固定顶罐	$600<V\leqslant700$	$12.5<T\leqslant17.5$	VOCs	1.559E0	3843.262
北京市	110000			航空汽油	固定顶罐	$600<V\leqslant700$	$17.5<T\leqslant22.5$	VOCs	1.699E0	4414.664
北京市	110000			航空汽油	固定顶罐	$600<V\leqslant700$	$22.5<T\leqslant27.5$	VOCs	1.847E0	5132.263
北京市	110000			航空汽油	固定顶罐	$600<V\leqslant700$	$27.5<T\leqslant32.5$	VOCs	2.002E0	6065.059
北京市	110000			航空汽油	固定顶罐	$600<V\leqslant700$	$32.5<T\leqslant37.5$	VOCs	2.164E0	7333.692
北京市	110000			航空汽油	固定顶罐	$600<V\leqslant700$	$T>37.5$	VOCs	2.33E0	9169.714
北京市	110000			航空汽油	固定顶罐	$600<V\leqslant700$	常温	VOCs	1.537E0	3757.355
北京市	110000			航空汽油	固定顶罐	$700<V\leqslant800$	$T\leqslant2.5$	VOCs	1.19E0	2872.6
北京市	110000			航空汽油	固定顶罐	$700<V\leqslant800$	$2.5<T\leqslant7.5$	VOCs	1.305E0	3228.385
北京市	110000			航空汽油	固定顶罐	$700<V\leqslant800$	$7.5<T\leqslant12.5$	VOCs	1.428E0	3646.256
北京市	110000			航空汽油	固定顶罐	$700<V\leqslant800$	$12.5<T\leqslant17.5$	VOCs	1.559E0	4145.917
北京市	110000			航空汽油	固定顶罐	$700<V\leqslant800$	$17.5<T\leqslant22.5$	VOCs	1.699E0	4756.606
北京市	110000			航空汽油	固定顶罐	$700<V\leqslant800$	$22.5<T\leqslant27.5$	VOCs	1.847E0	5523.558
北京市	110000			航空汽油	固定顶罐	$700<V\leqslant800$	$27.5<T\leqslant32.5$	VOCs	2.002E0	6520.581
北京市	110000			航空汽油	固定顶罐	$700<V\leqslant800$	$32.5<T\leqslant37.5$	VOCs	2.164E0	7876.715
北京市	110000			航空汽油	固定顶罐	$700<V\leqslant800$	$T>37.5$	VOCs	2.33E0	9839.614
北京市	110000			航空汽油	固定顶罐	$700<V\leqslant800$	常温	VOCs	1.537E0	4054.102
北京市	110000			航空汽油	固定顶罐	$800<V\leqslant1000$	$T\leqslant2.5$	VOCs	1.19E0	3519.858
北京市	110000			航空汽油	固定顶罐	$800<V\leqslant1000$	$2.5<T\leqslant7.5$	VOCs	1.305E0	3950.237
北京市	110000			航空汽油	固定顶罐	$800<V\leqslant1000$	$7.5<T\leqslant12.5$	VOCs	1.428E0	4455.599
北京市	110000			航空汽油	固定顶罐	$800<V\leqslant1000$	$12.5<T\leqslant17.5$	VOCs	1.559E0	5059.806
北京市	110000			航空汽油	固定顶罐	$800<V\leqslant1000$	$17.5<T\leqslant22.5$	VOCs	1.699E0	5798.257
北京市	110000			航空汽油	固定顶罐	$800<V\leqslant1000$	$22.5<T\leqslant27.5$	VOCs	1.847E0	6725.716
北京市	110000			航空汽油	固定顶罐	$800<V\leqslant1000$	$27.5<T\leqslant32.5$	VOCs	2.002E0	7931.522
北京市	110000			航空汽油	固定顶罐	$800<V\leqslant1000$	$32.5<T\leqslant37.5$	VOCs	2.164E0	9571.852
北京市	110000			航空汽油	固定顶罐	$800<V\leqslant1000$	$T>37.5$	VOCs	2.33E0	11946.437
北京市	110000			航空汽油	固定顶罐	$800<V\leqslant1000$	常温	VOCs	1.537E0	4948.782
北京市	110000			航空汽油	固定顶罐	$1000<V\leqslant1500$	$T\leqslant2.5$	VOCs	1.19E0	5021.732
北京市	110000			航空汽油	固定顶罐	$1000<V\leqslant1500$	$2.5<T\leqslant7.5$	VOCs	1.305E0	5622.47

省份	省份代码	地级市	地级市代码	物料名称	储罐类型	储罐容积 V/米³	储存温度 T/摄氏度	污染物指标	工作损失排放系数/[千克/吨（周转量）]	静置损失排放系数/(千克/年)
北京市	110000			航空汽油	固定顶罐	1000<V≤1500	7.5<T≤12.5	VOCs	1.428E0	6327.679
北京市	110000			航空汽油	固定顶罐	1000<V≤1500	12.5<T≤17.5	VOCs	1.559E0	7170.759
北京市	110000			航空汽油	固定顶罐	1000<V≤1500	17.5<T≤22.5	VOCs	1.699E0	8201.231
北京市	110000			航空汽油	固定顶罐	1000<V≤1500	22.5<T≤27.5	VOCs	1.847E0	9495.683
北京市	110000			航空汽油	固定顶罐	1000<V≤1500	27.5<T≤32.5	VOCs	2.002E0	11179.028
北京市	110000			航空汽油	固定顶罐	1000<V≤1500	32.5<T≤37.5	VOCs	2.164E0	13469.601
北京市	110000			航空汽油	固定顶罐	1000<V≤1500	T>37.5	VOCs	2.33E0	16786.387
北京市	110000			航空汽油	固定顶罐	1000<V≤1500	常温	VOCs	1.537E0	7015.84
北京市	110000			航空汽油	固定顶罐	1500<V≤2000	T≤2.5	VOCs	1.19E0	6970.045
北京市	110000			航空汽油	固定顶罐	1500<V≤2000	2.5<T≤7.5	VOCs	1.305E0	7795.304
北京市	110000			航空汽油	固定顶罐	1500<V≤2000	7.5<T≤12.5	VOCs	1.428E0	8764.016
北京市	110000			航空汽油	固定顶罐	1500<V≤2000	12.5<T≤17.5	VOCs	1.559E0	9922.131
北京市	110000			航空汽油	固定顶罐	1500<V≤2000	17.5<T≤22.5	VOCs	1.699E0	11337.772
北京市	110000			航空汽油	固定顶罐	1500<V≤2000	22.5<T≤27.5	VOCs	1.847E0	13116.271
北京市	110000			航空汽油	固定顶罐	1500<V≤2000	27.5<T≤32.5	VOCs	2.002E0	15429.407
北京市	110000			航空汽油	固定顶罐	1500<V≤2000	32.5<T≤37.5	VOCs	2.164E0	18577.416
北京市	110000			航空汽油	固定顶罐	1500<V≤2000	T>37.5	VOCs	2.33E0	23136.417
北京市	110000			航空汽油	固定顶罐	1500<V≤2000	常温	VOCs	1.537E0	9709.319
北京市	110000			航空汽油	固定顶罐	2000<V≤3000	T≤2.5	VOCs	1.19E0	10279.961
北京市	110000			航空汽油	固定顶罐	2000<V≤3000	2.5<T≤7.5	VOCs	1.305E0	11474.472
北京市	110000			航空汽油	固定顶罐	2000<V≤3000	7.5<T≤12.5	VOCs	1.428E0	12876.59
北京市	110000			航空汽油	固定顶罐	2000<V≤3000	12.5<T≤17.5	VOCs	1.559E0	14553.042
北京市	110000			航空汽油	固定顶罐	2000<V≤3000	17.5<T≤22.5	VOCs	1.699E0	16602.709
北京市	110000			航空汽油	固定顶罐	2000<V≤3000	22.5<T≤27.5	VOCs	1.847E0	19178.436
北京市	110000			航空汽油	固定顶罐	2000<V≤3000	27.5<T≤32.5	VOCs	2.002E0	22529.441
北京市	110000			航空汽油	固定顶罐	2000<V≤3000	32.5<T≤37.5	VOCs	2.164E0	27091.255
北京市	110000			航空汽油	固定顶罐	2000<V≤3000	T>37.5	VOCs	2.33E0	33699.56
北京市	110000			航空汽油	固定顶罐	2000<V≤3000	常温	VOCs	1.537E0	14244.961
北京市	110000			航空汽油	固定顶罐	3000<V≤5000	T≤2.5	VOCs	1.19E0	16777.109
北京市	110000			航空汽油	固定顶罐	3000<V≤5000	2.5<T≤7.5	VOCs	1.305E0	18675.626
北京市	110000			航空汽油	固定顶罐	3000<V≤5000	7.5<T≤12.5	VOCs	1.428E0	20904.519
北京市	110000			航空汽油	固定顶罐	3000<V≤5000	12.5<T≤17.5	VOCs	1.559E0	23570.416
北京市	110000			航空汽油	固定顶罐	3000<V≤5000	17.5<T≤22.5	VOCs	1.699E0	26831.229
北京市	110000			航空汽油	固定顶罐	3000<V≤5000	22.5<T≤27.5	VOCs	1.847E0	30930.949

省份	省份代码	地级市	地级市代码	物料名称	储罐类型	储罐容积 V/米³	储存温度 T/摄氏度	污染物指标	工作损失排放系数/[千克/吨（周转量）]	静置损失排放系数/（千克/年）
北京市	110000			航空汽油	固定顶罐	3000<V≤5000	27.5<T≤32.5	VOCs	2.002E0	36267.31
北京市	110000			航空汽油	固定顶罐	3000<V≤5000	32.5<T≤37.5	VOCs	2.164E0	43535.274
北京市	110000			航空汽油	固定顶罐	3000<V≤5000	T>37.5	VOCs	2.33E0	54068.204
北京市	110000			航空汽油	固定顶罐	3000<V≤5000	常温	VOCs	1.537E0	23080.424
北京市	110000			航空汽油	固定顶罐	5000<V≤10000	T≤2.5	VOCs	1.19E0	30178.592
北京市	110000			航空汽油	固定顶罐	5000<V≤10000	2.5<T≤7.5	VOCs	1.305E0	33465.525
北京市	110000			航空汽油	固定顶罐	5000<V≤10000	7.5<T≤12.5	VOCs	1.428E0	37327.192
北京市	110000			航空汽油	固定顶罐	5000<V≤10000	12.5<T≤17.5	VOCs	1.559E0	41949.92
北京市	110000			航空汽油	固定顶罐	5000<V≤10000	17.5<T≤22.5	VOCs	1.699E0	47609.417
北京市	110000			航空汽油	固定顶罐	5000<V≤10000	22.5<T≤27.5	VOCs	1.847E0	54731.446
北京市	110000			航空汽油	固定顶罐	5000<V≤10000	27.5<T≤32.5	VOCs	2.002E0	64009.818
北京市	110000			航空汽油	固定顶罐	5000<V≤10000	32.5<T≤37.5	VOCs	2.164E0	76656.604
北京市	110000			航空汽油	固定顶罐	5000<V≤10000	T>37.5	VOCs	2.33E0	94997.071
北京市	110000			航空汽油	固定顶罐	5000<V≤10000	常温	VOCs	1.537E0	41099.957
北京市	110000			航空汽油	固定顶罐	10000<V≤20000	T≤2.5	VOCs	1.19E0	58056.865
北京市	110000			航空汽油	固定顶罐	10000<V≤20000	2.5<T≤7.5	VOCs	1.305E0	64139.675
北京市	110000			航空汽油	固定顶罐	10000<V≤20000	7.5<T≤12.5	VOCs	1.428E0	71295.048
北京市	110000			航空汽油	固定顶罐	10000<V≤20000	12.5<T≤17.5	VOCs	1.559E0	79871.577
北京市	110000			航空汽油	固定顶罐	10000<V≤20000	17.5<T≤22.5	VOCs	1.699E0	90384.672
北京市	110000			航空汽油	固定顶罐	10000<V≤20000	22.5<T≤27.5	VOCs	1.847E0	103629.897
北京市	110000			航空汽油	固定顶罐	10000<V≤20000	27.5<T≤32.5	VOCs	2.002E0	120903.345
北京市	110000			航空汽油	固定顶罐	10000<V≤20000	32.5<T≤37.5	VOCs	2.164E0	144468.943
北京市	110000			航空汽油	固定顶罐	10000<V≤20000	T>37.5	VOCs	2.33E0	178669.575
北京市	110000			航空汽油	固定顶罐	10000<V≤20000	常温	VOCs	1.537E0	78293.847
北京市	110000			航空汽油	固定顶罐	20000<V≤30000	T≤2.5	VOCs	1.19E0	65055.229
北京市	110000			航空汽油	固定顶罐	20000<V≤30000	2.5<T≤7.5	VOCs	1.305E0	71748.543
北京市	110000			航空汽油	固定顶罐	20000<V≤30000	7.5<T≤12.5	VOCs	1.428E0	79628.133
北京市	110000			航空汽油	固定顶罐	20000<V≤30000	12.5<T≤17.5	VOCs	1.559E0	89079.696
北京市	110000			航空汽油	固定顶罐	20000<V≤30000	17.5<T≤22.5	VOCs	1.699E0	100673.338
北京市	110000			航空汽油	固定顶罐	20000<V≤30000	22.5<T≤27.5	VOCs	1.847E0	115288.902
北京市	110000			航空汽油	固定顶罐	20000<V≤30000	27.5<T≤32.5	VOCs	2.002E0	134359.66
北京市	110000			航空汽油	固定顶罐	20000<V≤30000	32.5<T≤37.5	VOCs	2.164E0	160389.042
北京市	110000			航空汽油	固定顶罐	20000<V≤30000	T>37.5	VOCs	2.33E0	198179.285
北京市	110000			航空汽油	固定顶罐	20000<V≤30000	常温	VOCs	1.537E0	87340.504

省份	省份代码	地级市	地级市代码	物料名称	储罐类型	储罐容积 V/米^3	储存温度 T/摄氏度	污染物指标	工作损失排放系数/[千克/吨（周转量）]	静置损失排放系数/（千克/年）
北京市	110000			污油	固定顶罐	$V \leqslant 100$	$T \leqslant 2.5$	VOCs	6.264E-1	198.632
北京市	110000			污油	固定顶罐	$V \leqslant 100$	$2.5 < T \leqslant 7.5$	VOCs	6.909E-1	223.3
北京市	110000			污油	固定顶罐	$V \leqslant 100$	$7.5 < T \leqslant 12.5$	VOCs	7.604E-1	250.927
北京市	110000			污油	固定顶罐	$V \leqslant 100$	$12.5 < T \leqslant 17.5$	VOCs	8.352E-1	281.96
北京市	110000			污油	固定顶罐	$V \leqslant 100$	$17.5 < T \leqslant 22.5$	VOCs	9.156E-1	316.958
北京市	110000			污油	固定顶罐	$V \leqslant 100$	$22.5 < T \leqslant 27.5$	VOCs	1.002E0	356.635
北京市	110000			污油	固定顶罐	$V \leqslant 100$	$27.5 < T \leqslant 32.5$	VOCs	1.094E0	401.917
北京市	110000			污油	固定顶罐	$V \leqslant 100$	$32.5 < T \leqslant 37.5$	VOCs	1.192E0	454.029
北京市	110000			污油	固定顶罐	$V \leqslant 100$	$T > 37.5$	VOCs	1.297E0	514.628
北京市	110000			污油	固定顶罐	$V \leqslant 100$	常温	VOCs	8.221E-1	276.422
北京市	110000			污油	固定顶罐	$100 < V \leqslant 200$	$T \leqslant 2.5$	VOCs	6.264E-1	366.064
北京市	110000			污油	固定顶罐	$100 < V \leqslant 200$	$2.5 < T \leqslant 7.5$	VOCs	6.909E-1	409.153
北京市	110000			污油	固定顶罐	$100 < V \leqslant 200$	$7.5 < T \leqslant 12.5$	VOCs	7.604E-1	457.106
北京市	110000			污油	固定顶罐	$100 < V \leqslant 200$	$12.5 < T \leqslant 17.5$	VOCs	8.352E-1	510.654
北京市	110000			污油	固定顶罐	$100 < V \leqslant 200$	$17.5 < T \leqslant 22.5$	VOCs	9.156E-1	570.719
北京市	110000			污油	固定顶罐	$100 < V \leqslant 200$	$22.5 < T \leqslant 27.5$	VOCs	1.002E0	638.482
北京市	110000			污油	固定顶罐	$100 < V \leqslant 200$	$27.5 < T \leqslant 32.5$	VOCs	1.094E0	715.486
北京市	110000			污油	固定顶罐	$100 < V \leqslant 200$	$32.5 < T \leqslant 37.5$	VOCs	1.192E0	803.778
北京市	110000			污油	固定顶罐	$100 < V \leqslant 200$	$T > 37.5$	VOCs	1.297E0	906.126
北京市	110000			污油	固定顶罐	$100 < V \leqslant 200$	常温	VOCs	8.221E-1	501.12
北京市	110000			污油	固定顶罐	$200 < V \leqslant 300$	$T \leqslant 2.5$	VOCs	6.264E-1	521.012
北京市	110000			污油	固定顶罐	$200 < V \leqslant 300$	$2.5 < T \leqslant 7.5$	VOCs	6.909E-1	580.282
北京市	110000			污油	固定顶罐	$200 < V \leqslant 300$	$7.5 < T \leqslant 12.5$	VOCs	7.604E-1	646.008
北京市	110000			污油	固定顶罐	$200 < V \leqslant 300$	$12.5 < T \leqslant 17.5$	VOCs	8.352E-1	719.163
北京市	110000			污油	固定顶罐	$200 < V \leqslant 300$	$17.5 < T \leqslant 22.5$	VOCs	9.156E-1	800.982
北京市	110000			污油	固定顶罐	$200 < V \leqslant 300$	$22.5 < T \leqslant 27.5$	VOCs	1.002E0	893.052
北京市	110000			污油	固定顶罐	$200 < V \leqslant 300$	$27.5 < T \leqslant 32.5$	VOCs	1.094E0	997.451
北京市	110000			污油	固定顶罐	$200 < V \leqslant 300$	$32.5 < T \leqslant 37.5$	VOCs	1.192E0	1116.935
北京市	110000			污油	固定顶罐	$200 < V \leqslant 300$	$T > 37.5$	VOCs	1.297E0	1255.238
北京市	110000			污油	固定顶罐	$200 < V \leqslant 300$	常温	VOCs	8.221E-1	706.154
北京市	110000			污油	固定顶罐	$300 < V \leqslant 400$	$T \leqslant 2.5$	VOCs	6.264E-1	666.146
北京市	110000			污油	固定顶罐	$300 < V \leqslant 400$	$2.5 < T \leqslant 7.5$	VOCs	6.909E-1	740.047
北京市	110000			污油	固定顶罐	$300 < V \leqslant 400$	$7.5 < T \leqslant 12.5$	VOCs	7.604E-1	821.799
北京市	110000			污油	固定顶罐	$300 < V \leqslant 400$	$12.5 < T \leqslant 17.5$	VOCs	8.352E-1	912.596

省份	省份代码	地级市	地级市代码	物料名称	储罐类型	储罐容积 V/米³	储存温度 T/摄氏度	污染物指标	工作损失排放系数/[千克/吨（周转量）]	静置损失排放系数/（千克/年）
北京市	110000			污油	固定顶罐	$300{<}V{\leqslant}400$	$17.5{<}T{\leqslant}22.5$	VOCs	9.156E-1	1013.952
北京市	110000			污油	固定顶罐	$300{<}V{\leqslant}400$	$22.5{<}T{\leqslant}27.5$	VOCs	1.002E0	1127.824
北京市	110000			污油	固定顶罐	$300{<}V{\leqslant}400$	$27.5{<}T{\leqslant}32.5$	VOCs	1.094E0	1256.768
北京市	110000			污油	固定顶罐	$300{<}V{\leqslant}400$	$32.5{<}T{\leqslant}37.5$	VOCs	1.192E0	1404.182
北京市	110000			污油	固定顶罐	$300{<}V{\leqslant}400$	$T{>}37.5$	VOCs	1.297E0	1574.67
北京市	110000			污油	固定顶罐	$300{<}V{\leqslant}400$	常温	VOCs	8.221E-1	896.462
北京市	110000			污油	固定顶罐	$400{<}V{\leqslant}500$	$T{\leqslant}2.5$	VOCs	6.264E-1	813.355
北京市	110000			污油	固定顶罐	$400{<}V{\leqslant}500$	$2.5{<}T{\leqslant}7.5$	VOCs	6.909E-1	901.693
北京市	110000			污油	固定顶罐	$400{<}V{\leqslant}500$	$7.5{<}T{\leqslant}12.5$	VOCs	7.604E-1	999.231
北京市	110000			污油	固定顶罐	$400{<}V{\leqslant}500$	$12.5{<}T{\leqslant}17.5$	VOCs	8.352E-1	1107.379
北京市	110000			污油	固定顶罐	$400{<}V{\leqslant}500$	$17.5{<}T{\leqslant}22.5$	VOCs	9.156E-1	1227.93
北京市	110000			污油	固定顶罐	$400{<}V{\leqslant}500$	$22.5{<}T{\leqslant}27.5$	VOCs	1.002E0	1363.203
北京市	110000			污油	固定顶罐	$400{<}V{\leqslant}500$	$27.5{<}T{\leqslant}32.5$	VOCs	1.094E0	1516.229
北京市	110000			污油	固定顶罐	$400{<}V{\leqslant}500$	$32.5{<}T{\leqslant}37.5$	VOCs	1.192E0	1691.038
北京市	110000			污油	固定顶罐	$400{<}V{\leqslant}500$	$T{>}37.5$	VOCs	1.297E0	1893.091
北京市	110000			污油	固定顶罐	$400{<}V{\leqslant}500$	常温	VOCs	8.221E-1	1088.173
北京市	110000			污油	固定顶罐	$500{<}V{\leqslant}600$	$T{\leqslant}2.5$	VOCs	6.264E-1	947.638
北京市	110000			污油	固定顶罐	$500{<}V{\leqslant}600$	$2.5{<}T{\leqslant}7.5$	VOCs	6.909E-1	1049.156
北京市	110000			污油	固定顶罐	$500{<}V{\leqslant}600$	$7.5{<}T{\leqslant}12.5$	VOCs	7.604E-1	1161.118
北京市	110000			污油	固定顶罐	$500{<}V{\leqslant}600$	$12.5{<}T{\leqslant}17.5$	VOCs	8.352E-1	1285.132
北京市	110000			污油	固定顶罐	$500{<}V{\leqslant}600$	$17.5{<}T{\leqslant}22.5$	VOCs	9.156E-1	1423.251
北京市	110000			污油	固定顶罐	$500{<}V{\leqslant}600$	$22.5{<}T{\leqslant}27.5$	VOCs	1.002E0	1578.127
北京市	110000			污油	固定顶罐	$500{<}V{\leqslant}600$	$27.5{<}T{\leqslant}32.5$	VOCs	1.094E0	1753.228
北京市	110000			污油	固定顶罐	$500{<}V{\leqslant}600$	$32.5{<}T{\leqslant}37.5$	VOCs	1.192E0	1953.168
北京市	110000			污油	固定顶罐	$500{<}V{\leqslant}600$	$T{>}37.5$	VOCs	1.297E0	2184.195
北京市	110000			污油	固定顶罐	$500{<}V{\leqslant}600$	常温	VOCs	8.221E-1	1263.117
北京市	110000			污油	固定顶罐	$600{<}V{\leqslant}700$	$T{\leqslant}2.5$	VOCs	6.264E-1	1110.574
北京市	110000			污油	固定顶罐	$600{<}V{\leqslant}700$	$2.5{<}T{\leqslant}7.5$	VOCs	6.909E-1	1228.517
北京市	110000			污油	固定顶罐	$600{<}V{\leqslant}700$	$7.5{<}T{\leqslant}12.5$	VOCs	7.604E-1	1358.501
北京市	110000			污油	固定顶罐	$600{<}V{\leqslant}700$	$12.5{<}T{\leqslant}17.5$	VOCs	8.352E-1	1502.39
北京市	110000			污油	固定顶罐	$600{<}V{\leqslant}700$	$17.5{<}T{\leqslant}22.5$	VOCs	9.156E-1	1662.562
北京市	110000			污油	固定顶罐	$600{<}V{\leqslant}700$	$22.5{<}T{\leqslant}27.5$	VOCs	1.002E0	1842.09
北京市	110000			污油	固定顶罐	$600{<}V{\leqslant}700$	$27.5{<}T{\leqslant}32.5$	VOCs	1.094E0	2044.996
北京市	110000			污油	固定顶罐	$600{<}V{\leqslant}700$	$32.5{<}T{\leqslant}37.5$	VOCs	1.192E0	2276.626

省份	省份代码	地级市	地级市代码	物料名称	储罐类型	储罐容积 V/米^3	储存温度 T/摄氏度	污染物指标	工作损失排放系数/[千克/吨（周转量）]	静置损失排放系数/（千克/年）
北京市	110000			污油	固定顶罐	600＜V≤700	T＞37.5	VOCs	1.297E0	2544.222
北京市	110000			污油	固定顶罐	600＜V≤700	常温	VOCs	8.221E-1	1476.853
北京市	110000			污油	固定顶罐	700＜V≤800	T≤2.5	VOCs	6.264E-1	1214.397
北京市	110000			污油	固定顶罐	700＜V≤800	2.5＜T≤7.5	VOCs	6.909E-1	1341.171
北京市	110000			污油	固定顶罐	700＜V≤800	7.5＜T≤12.5	VOCs	7.604E-1	1480.702
北京市	110000			污油	固定顶罐	700＜V≤800	12.5＜T≤17.5	VOCs	8.352E-1	1634.984
北京市	110000			污油	固定顶罐	700＜V≤800	17.5＜T≤22.5	VOCs	9.156E-1	1806.562
北京市	110000			污油	固定顶罐	700＜V≤800	22.5＜T≤27.5	VOCs	1.002E0	1998.727
北京市	110000			污油	固定顶罐	700＜V≤800	27.5＜T≤32.5	VOCs	1.094E0	2215.785
北京市	110000			污油	固定顶罐	700＜V≤800	32.5＜T≤37.5	VOCs	1.192E0	2463.463
北京市	110000			污油	固定顶罐	700＜V≤800	T＞37.5	VOCs	1.297E0	2749.513
北京市	110000			污油	固定顶罐	700＜V≤800	常温	VOCs	8.221E-1	1607.614
北京市	110000			污油	固定顶罐	800＜V≤1000	T≤2.5	VOCs	6.264E-1	1502.308
北京市	110000			污油	固定顶罐	800＜V≤1000	2.5＜T≤7.5	VOCs	6.909E-1	1656.398
北京市	110000			污油	固定顶罐	800＜V≤1000	7.5＜T≤12.5	VOCs	7.604E-1	1825.778
北京市	110000			污油	固定顶罐	800＜V≤1000	12.5＜T≤17.5	VOCs	8.352E-1	2012.862
北京市	110000			污油	固定顶罐	800＜V≤1000	17.5＜T≤22.5	VOCs	9.156E-1	2220.735
北京市	110000			污油	固定顶罐	800＜V≤1000	22.5＜T≤27.5	VOCs	1.002E0	2453.386
北京市	110000			污油	固定顶罐	800＜V≤1000	27.5＜T≤32.5	VOCs	1.094E0	2716.037
北京市	110000			污油	固定顶罐	800＜V≤1000	32.5＜T≤37.5	VOCs	1.192E0	3015.625
北京市	110000			污油	固定顶罐	800＜V≤1000	T＞37.5	VOCs	1.297E0	3361.546
北京市	110000			污油	固定顶罐	800＜V≤1000	常温	VOCs	8.221E-1	1979.686
北京市	110000			污油	固定顶罐	1000＜V≤1500	T≤2.5	VOCs	6.264E-1	2178.385
北京市	110000			污油	固定顶罐	1000＜V≤1500	2.5＜T≤7.5	VOCs	6.909E-1	2395.014
北京市	110000			污油	固定顶罐	1000＜V≤1500	7.5＜T≤12.5	VOCs	7.604E-1	2632.655
北京市	110000			污油	固定顶罐	1000＜V≤1500	12.5＜T≤17.5	VOCs	8.352E-1	2894.696
北京市	110000			污油	固定顶罐	1000＜V≤1500	17.5＜T≤22.5	VOCs	9.156E-1	3185.465
北京市	110000			污油	固定顶罐	1000＜V≤1500	22.5＜T≤27.5	VOCs	1.002E0	3510.558
北京市	110000			污油	固定顶罐	1000＜V≤1500	27.5＜T≤32.5	VOCs	1.094E0	3877.298
北京市	110000			污油	固定顶罐	1000＜V≤1500	32.5＜T≤37.5	VOCs	1.192E0	4295.411
北京市	110000			污油	固定顶罐	1000＜V≤1500	T＞37.5	VOCs	1.297E0	4778.053
北京市	110000			污油	固定顶罐	1000＜V≤1500	常温	VOCs	8.221E-1	2848.255
北京市	110000			污油	固定顶罐	1500＜V≤2000	T≤2.5	VOCs	6.264E-1	3046.752
北京市	110000			污油	固定顶罐	1500＜V≤2000	2.5＜T≤7.5	VOCs	6.909E-1	3345.215

省份	省份代码	地级市	地级市代码	物料名称	储罐类型	储罐容积 V/米^3	储存温度 T/摄氏度	污染物指标	工作损失排放系数/[千克/吨（周转量）]	静置损失排放系数/（千克/年）
北京市	110000			污油	固定顶罐	$1500 < V \leqslant 2000$	$7.5 < T \leqslant 12.5$	VOCs	7.604E-1	3672.339
北京市	110000			污油	固定顶罐	$1500 < V \leqslant 2000$	$12.5 < T \leqslant 17.5$	VOCs	8.352E-1	4032.79
北京市	110000			污油	固定顶罐	$1500 < V \leqslant 2000$	$17.5 < T \leqslant 22.5$	VOCs	9.156E-1	4432.536
北京市	110000			污油	固定顶罐	$1500 < V \leqslant 2000$	$22.5 < T \leqslant 27.5$	VOCs	1.002E0	4879.287
北京市	110000			污油	固定顶罐	$1500 < V \leqslant 2000$	$27.5 < T \leqslant 32.5$	VOCs	1.094E0	5383.129
北京市	110000			污油	固定顶罐	$1500 < V \leqslant 2000$	$32.5 < T \leqslant 37.5$	VOCs	1.192E0	5957.455
北京市	110000			污油	固定顶罐	$1500 < V \leqslant 2000$	$T > 37.5$	VOCs	1.297E0	6620.375
北京市	110000			污油	固定顶罐	$1500 < V \leqslant 2000$	常温	VOCs	8.221E-1	3968.925
北京市	110000			污油	固定顶罐	$2000 < V \leqslant 3000$	$T \leqslant 2.5$	VOCs	6.264E-1	4556.57
北京市	110000			污油	固定顶罐	$2000 < V \leqslant 3000$	$2.5 < T \leqslant 7.5$	VOCs	6.909E-1	4990.544
北京市	110000			污油	固定顶罐	$2000 < V \leqslant 3000$	$7.5 < T \leqslant 12.5$	VOCs	7.604E-1	5465.482
北京市	110000			污油	固定顶罐	$2000 < V \leqslant 3000$	$12.5 < T \leqslant 17.5$	VOCs	8.352E-1	5988.191
北京市	110000			污油	固定顶罐	$2000 < V \leqslant 3000$	$17.5 < T \leqslant 22.5$	VOCs	9.156E-1	6567.37
北京市	110000			污油	固定顶罐	$2000 < V \leqslant 3000$	$22.5 < T \leqslant 27.5$	VOCs	1.002E0	7214.254
北京市	110000			污油	固定顶罐	$2000 < V \leqslant 3000$	$27.5 < T \leqslant 32.5$	VOCs	1.094E0	7943.524
北京市	110000			污油	固定顶罐	$2000 < V \leqslant 3000$	$32.5 < T \leqslant 37.5$	VOCs	1.192E0	8774.656
北京市	110000			污油	固定顶罐	$2000 < V \leqslant 3000$	$T > 37.5$	VOCs	1.297E0	9733.971
北京市	110000			污油	固定顶罐	$2000 < V \leqslant 3000$	常温	VOCs	8.221E-1	5895.614
北京市	110000			污油	固定顶罐	$3000 < V \leqslant 5000$	$T \leqslant 2.5$	VOCs	6.264E-1	7583.655
北京市	110000			污油	固定顶罐	$3000 < V \leqslant 5000$	$2.5 < T \leqslant 7.5$	VOCs	6.909E-1	8276.566
北京市	110000			污油	固定顶罐	$3000 < V \leqslant 5000$	$7.5 < T \leqslant 12.5$	VOCs	7.604E-1	9033.52
北京市	110000			污油	固定顶罐	$3000 < V \leqslant 5000$	$12.5 < T \leqslant 17.5$	VOCs	8.352E-1	9865.488
北京市	110000			污油	固定顶罐	$3000 < V \leqslant 5000$	$17.5 < T \leqslant 22.5$	VOCs	9.156E-1	10786.475
北京市	110000			污油	固定顶罐	$3000 < V \leqslant 5000$	$22.5 < T \leqslant 27.5$	VOCs	1.002E0	11814.531
北京市	110000			污油	固定顶罐	$3000 < V \leqslant 5000$	$27.5 < T \leqslant 32.5$	VOCs	1.094E0	12973.206
北京市	110000			污油	固定顶罐	$3000 < V \leqslant 5000$	$32.5 < T \leqslant 37.5$	VOCs	1.192E0	14293.699
北京市	110000			污油	固定顶罐	$3000 < V \leqslant 5000$	$T > 37.5$	VOCs	1.297E0	15818.119
北京市	110000			污油	固定顶罐	$3000 < V \leqslant 5000$	常温	VOCs	8.221E-1	9718.203
北京市	110000			污油	固定顶罐	$5000 < V \leqslant 10000$	$T \leqslant 2.5$	VOCs	6.264E-1	14032.36
北京市	110000			污油	固定顶罐	$5000 < V \leqslant 10000$	$2.5 < T \leqslant 7.5$	VOCs	6.909E-1	15234.979
北京市	110000			污油	固定顶罐	$5000 < V \leqslant 10000$	$7.5 < T \leqslant 12.5$	VOCs	7.604E-1	16546.316
北京市	110000			污油	固定顶罐	$5000 < V \leqslant 10000$	$12.5 < T \leqslant 17.5$	VOCs	8.352E-1	17985.872
北京市	110000			污油	固定顶罐	$5000 < V \leqslant 10000$	$17.5 < T \leqslant 22.5$	VOCs	9.156E-1	19578.437
北京市	110000			污油	固定顶罐	$5000 < V \leqslant 10000$	$22.5 < T \leqslant 27.5$	VOCs	1.002E0	21355.844

省份	省份代码	地级市	地级市代码	物料名称	储罐类型	储罐容积 V/米^3	储存温度 T/摄氏度	污染物指标	工作损失排放系数/[千克/吨（周转量）]	静置损失排放系数/(千克/年)
北京市	110000			污油	固定顶罐	$5000 < V \leqslant 10000$	$27.5 < T \leqslant 32.5$	VOCs	1.094E0	23359.497
北京市	110000			污油	固定顶罐	$5000 < V \leqslant 10000$	$32.5 < T \leqslant 37.5$	VOCs	1.192E0	25644.116
北京市	110000			污油	固定顶罐	$5000 < V \leqslant 10000$	$T > 37.5$	VOCs	1.297E0	28283.414
北京市	110000			污油	固定顶罐	$5000 < V \leqslant 10000$	常温	VOCs	8.221E-1	17731.113
北京市	110000			污油	固定顶罐	$10000 < V \leqslant 20000$	$T \leqslant 2.5$	VOCs	6.264E-1	27777.853
北京市	110000			污油	固定顶罐	$10000 < V \leqslant 20000$	$2.5 < T \leqslant 7.5$	VOCs	6.909E-1	29996.425
北京市	110000			污油	固定顶罐	$10000 < V \leqslant 20000$	$7.5 < T \leqslant 12.5$	VOCs	7.604E-1	32413.696
北京市	110000			污油	固定顶罐	$10000 < V \leqslant 20000$	$12.5 < T \leqslant 17.5$	VOCs	8.352E-1	35066.893
北京市	110000			污油	固定顶罐	$10000 < V \leqslant 20000$	$17.5 < T \leqslant 22.5$	VOCs	9.156E-1	38003.07
北京市	110000			污油	固定顶罐	$10000 < V \leqslant 20000$	$22.5 < T \leqslant 27.5$	VOCs	1.002E0	41282.363
北京市	110000			污油	固定顶罐	$10000 < V \leqslant 20000$	$27.5 < T \leqslant 32.5$	VOCs	1.094E0	44982.712
北京市	110000			污油	固定顶罐	$10000 < V \leqslant 20000$	$32.5 < T \leqslant 37.5$	VOCs	1.192E0	49206.844
北京市	110000			污油	固定顶罐	$10000 < V \leqslant 20000$	$T > 37.5$	VOCs	1.297E0	54092.894
北京市	110000			污油	固定顶罐	$10000 < V \leqslant 20000$	常温	VOCs	8.221E-1	34597.324
北京市	110000			污油	固定顶罐	$20000 < V \leqslant 30000$	$T \leqslant 2.5$	VOCs	6.264E-1	31545.109
北京市	110000			污油	固定顶罐	$20000 < V \leqslant 30000$	$2.5 < T \leqslant 7.5$	VOCs	6.909E-1	33977.37
北京市	110000			污油	固定顶罐	$20000 < V \leqslant 30000$	$7.5 < T \leqslant 12.5$	VOCs	7.604E-1	36627.752
北京市	110000			污油	固定顶罐	$20000 < V \leqslant 30000$	$12.5 < T \leqslant 17.5$	VOCs	8.352E-1	39537.849
北京市	110000			污油	固定顶罐	$20000 < V \leqslant 30000$	$17.5 < T \leqslant 22.5$	VOCs	9.156E-1	42760.07
北京市	110000			污油	固定顶罐	$20000 < V \leqslant 30000$	$22.5 < T \leqslant 27.5$	VOCs	1.002E0	46361.239
北京市	110000			污油	固定顶罐	$20000 < V \leqslant 30000$	$27.5 < T \leqslant 32.5$	VOCs	1.094E0	50427.817
北京市	110000			污油	固定顶罐	$20000 < V \leqslant 30000$	$32.5 < T \leqslant 37.5$	VOCs	1.192E0	55073.631
北京市	110000			污油	固定顶罐	$20000 < V \leqslant 30000$	$T > 37.5$	VOCs	1.297E0	60451.613
北京市	110000			污油	固定顶罐	$20000 < V \leqslant 30000$	常温	VOCs	8.221E-1	39022.713
北京市	110000			烷基化油	固定顶罐	$V \leqslant 100$	$T \leqslant 2.5$	VOCs	1.277E0	489.912
北京市	110000			烷基化油	固定顶罐	$V \leqslant 100$	$2.5 < T \leqslant 7.5$	VOCs	1.397E0	556.01
北京市	110000			烷基化油	固定顶罐	$V \leqslant 100$	$7.5 < T \leqslant 12.5$	VOCs	1.524E0	633.312
北京市	110000			烷基化油	固定顶罐	$V \leqslant 100$	$12.5 < T \leqslant 17.5$	VOCs	1.66E0	725.006
北京市	110000			烷基化油	固定顶罐	$V \leqslant 100$	$17.5 < T \leqslant 22.5$	VOCs	1.805E0	835.711
北京市	110000			烷基化油	固定顶罐	$V \leqslant 100$	$22.5 < T \leqslant 27.5$	VOCs	1.957E0	972.36
北京市	110000			烷基化油	固定顶罐	$V \leqslant 100$	$27.5 < T \leqslant 32.5$	VOCs	2.117E0	1145.844
北京市	110000			烷基化油	固定顶罐	$V \leqslant 100$	$32.5 < T \leqslant 37.5$	VOCs	2.285E0	1374.281
北京市	110000			烷基化油	固定顶罐	$V \leqslant 100$	$T > 37.5$	VOCs	2.458E0	1690.151
北京市	110000			烷基化油	固定顶罐	$V \leqslant 100$	常温	VOCs	1.637E0	708.227

省份	省份代码	地级市	地级市代码	物料名称	储罐类型	储罐容积 V/米^3	储存温度 T/摄氏度	污染物指标	工作损失排放系数/[千克/吨（周转量）]	静置损失排放系数/（千克/年）
北京市	110000			烷基化油	固定顶罐	$100<V\leqslant200$	$T\leqslant2.5$	VOCs	1.277E0	872.071
北京市	110000			烷基化油	固定顶罐	$100<V\leqslant200$	$2.5<T\leqslant7.5$	VOCs	1.397E0	984.015
北京市	110000			烷基化油	固定顶罐	$100<V\leqslant200$	$7.5<T\leqslant12.5$	VOCs	1.524E0	1114.509
北京市	110000			烷基化油	固定顶罐	$100<V\leqslant200$	$12.5<T\leqslant17.5$	VOCs	1.66E0	1268.896
北京市	110000			烷基化油	固定顶罐	$100<V\leqslant200$	$17.5<T\leqslant22.5$	VOCs	1.805E0	1454.915
北京市	110000			烷基化油	固定顶罐	$100<V\leqslant200$	$22.5<T\leqslant27.5$	VOCs	1.957E0	1684.189
北京市	110000			烷基化油	固定顶罐	$100<V\leqslant200$	$27.5<T\leqslant32.5$	VOCs	2.117E0	1974.972
北京市	110000			烷基化油	固定顶罐	$100<V\leqslant200$	$32.5<T\leqslant37.5$	VOCs	2.285E0	2357.623
北京市	110000			烷基化油	固定顶罐	$100<V\leqslant200$	$T>37.5$	VOCs	2.458E0	2886.57
北京市	110000			烷基化油	固定顶罐	$100<V\leqslant200$	常温	VOCs	1.637E0	1240.67
北京市	110000			烷基化油	固定顶罐	$200<V\leqslant300$	$T\leqslant2.5$	VOCs	1.277E0	1215.694
北京市	110000			烷基化油	固定顶罐	$200<V\leqslant300$	$2.5<T\leqslant7.5$	VOCs	1.397E0	1367.151
北京市	110000			烷基化油	固定顶罐	$200<V\leqslant300$	$7.5<T\leqslant12.5$	VOCs	1.524E0	1543.441
北京市	110000			烷基化油	固定顶罐	$200<V\leqslant300$	$12.5<T\leqslant17.5$	VOCs	1.66E0	1751.77
北京市	110000			烷基化油	固定顶罐	$200<V\leqslant300$	$17.5<T\leqslant22.5$	VOCs	1.805E0	2002.578
北京市	110000			烷基化油	固定顶罐	$200<V\leqslant300$	$22.5<T\leqslant27.5$	VOCs	1.957E0	2311.537
北京市	110000			烷基化油	固定顶罐	$200<V\leqslant300$	$27.5<T\leqslant32.5$	VOCs	2.117E0	2703.265
北京市	110000			烷基化油	固定顶罐	$200<V\leqslant300$	$32.5<T\leqslant37.5$	VOCs	2.285E0	3218.692
北京市	110000			烷基化油	固定顶罐	$200<V\leqslant300$	$T>37.5$	VOCs	2.458E0	3931.188
北京市	110000			烷基化油	固定顶罐	$200<V\leqslant300$	常温	VOCs	1.637E0	1713.697
北京市	110000			烷基化油	固定顶罐	$300<V\leqslant400$	$T\leqslant2.5$	VOCs	1.277E0	1531.706
北京市	110000			烷基化油	固定顶罐	$300<V\leqslant400$	$2.5<T\leqslant7.5$	VOCs	1.397E0	1718.539
北京市	110000			烷基化油	固定顶罐	$300<V\leqslant400$	$7.5<T\leqslant12.5$	VOCs	1.524E0	1935.815
北京市	110000			烷基化油	固定顶罐	$300<V\leqslant400$	$12.5<T\leqslant17.5$	VOCs	1.66E0	2192.417
北京市	110000			烷基化油	固定顶罐	$300<V\leqslant400$	$17.5<T\leqslant22.5$	VOCs	1.805E0	2501.212
北京市	110000			烷基化油	固定顶罐	$300<V\leqslant400$	$22.5<T\leqslant27.5$	VOCs	1.957E0	2881.514
北京市	110000			烷基化油	固定顶罐	$300<V\leqslant400$	$27.5<T\leqslant32.5$	VOCs	2.117E0	3363.653
北京市	110000			烷基化油	固定顶罐	$300<V\leqslant400$	$32.5<T\leqslant37.5$	VOCs	2.285E0	3998.049
北京市	110000			烷基化油	固定顶罐	$300<V\leqslant400$	$T>37.5$	VOCs	2.458E0	4875.078
北京市	110000			烷基化油	固定顶罐	$300<V\leqslant400$	常温	VOCs	1.637E0	2145.531
北京市	110000			烷基化油	固定顶罐	$400<V\leqslant500$	$T\leqslant2.5$	VOCs	1.277E0	1847.885
北京市	110000			烷基化油	固定顶罐	$400<V\leqslant500$	$2.5<T\leqslant7.5$	VOCs	1.397E0	2069.411
北京市	110000			烷基化油	固定顶罐	$400<V\leqslant500$	$7.5<T\leqslant12.5$	VOCs	1.524E0	2326.879
北京市	110000			烷基化油	固定顶罐	$400<V\leqslant500$	$12.5<T\leqslant17.5$	VOCs	1.66E0	2630.825

省份	省份代码	地级市	地级市代码	物料名称	储罐类型	储罐容积 $V/\text{米}^3$	储存温度 $T/$摄氏度	污染物指标	工作损失排放系数/[千克/吨（周转量）]	静置损失排放系数/（千克/年）
北京市	110000			烷基化油	固定顶罐	$400<V\leq500$	$17.5<T\leq22.5$	VOCs	1.805E0	2996.503
北京市	110000			烷基化油	固定顶罐	$400<V\leq500$	$22.5<T\leq27.5$	VOCs	1.957E0	3446.814
北京市	110000			烷基化油	固定顶罐	$400<V\leq500$	$27.5<T\leq32.5$	VOCs	2.117E0	4017.703
北京市	110000			烷基化油	固定顶罐	$400<V\leq500$	$32.5<T\leq37.5$	VOCs	2.285E0	4768.928
北京市	110000			烷基化油	固定顶罐	$400<V\leq500$	$T>37.5$	VOCs	2.458E0	5807.587
北京市	110000			烷基化油	固定顶罐	$400<V\leq500$	常温	VOCs	1.637E0	2575.294
北京市	110000			烷基化油	固定顶罐	$500<V\leq600$	$T\leq2.5$	VOCs	1.277E0	2136.694
北京市	110000			烷基化油	固定顶罐	$500<V\leq600$	$2.5<T\leq7.5$	VOCs	1.397E0	2390.047
北京市	110000			烷基化油	固定顶罐	$500<V\leq600$	$7.5<T\leq12.5$	VOCs	1.524E0	2684.411
北京市	110000			烷基化油	固定顶罐	$500<V\leq600$	$12.5<T\leq17.5$	VOCs	1.66E0	3031.84
北京市	110000			烷基化油	固定顶罐	$500<V\leq600$	$17.5<T\leq22.5$	VOCs	1.805E0	3449.788
北京市	110000			烷基化油	固定顶罐	$500<V\leq600$	$22.5<T\leq27.5$	VOCs	1.957E0	3964.45
北京市	110000			烷基化油	固定顶罐	$500<V\leq600$	$27.5<T\leq32.5$	VOCs	2.117E0	4616.939
北京市	110000			烷基化油	固定顶罐	$500<V\leq600$	$32.5<T\leq37.5$	VOCs	2.285E0	5475.597
北京市	110000			烷基化油	固定顶罐	$500<V\leq600$	$T>37.5$	VOCs	2.458E0	6662.902
北京市	110000			烷基化油	固定顶罐	$500<V\leq600$	常温	VOCs	1.637E0	2968.369
北京市	110000			烷基化油	固定顶罐	$600<V\leq700$	$T\leq2.5$	VOCs	1.277E0	2492.254
北京市	110000			烷基化油	固定顶罐	$600<V\leq700$	$2.5<T\leq7.5$	VOCs	1.397E0	2785.749
北京市	110000			烷基化油	固定顶罐	$600<V\leq700$	$7.5<T\leq12.5$	VOCs	1.524E0	3126.691
北京市	110000			烷基化油	固定顶罐	$600<V\leq700$	$12.5<T\leq17.5$	VOCs	1.66E0	3529.051
北京市	110000			烷基化油	固定顶罐	$600<V\leq700$	$17.5<T\leq22.5$	VOCs	1.805E0	4013.055
北京市	110000			烷基化油	固定顶罐	$600<V\leq700$	$22.5<T\leq27.5$	VOCs	1.957E0	4609.053
北京市	110000			烷基化油	固定顶罐	$600<V\leq700$	$27.5<T\leq32.5$	VOCs	2.117E0	5364.684
北京市	110000			烷基化油	固定顶罐	$600<V\leq700$	$32.5<T\leq37.5$	VOCs	2.285E0	6359.125
北京市	110000			烷基化油	固定顶罐	$600<V\leq700$	$T>37.5$	VOCs	2.458E0	7734.267
北京市	110000			烷基化油	固定顶罐	$600<V\leq700$	常温	VOCs	1.637E0	3455.546
北京市	110000			烷基化油	固定顶罐	$700<V\leq800$	$T\leq2.5$	VOCs	1.277E0	2700.35
北京市	110000			烷基化油	固定顶罐	$700<V\leq800$	$2.5<T\leq7.5$	VOCs	1.397E0	3014.15
北京市	110000			烷基化油	固定顶罐	$700<V\leq800$	$7.5<T\leq12.5$	VOCs	1.524E0	3378.568
北京市	110000			烷基化油	固定顶罐	$700<V\leq800$	$12.5<T\leq17.5$	VOCs	1.66E0	3808.561
北京市	110000			烷基化油	固定顶罐	$700<V\leq800$	$17.5<T\leq22.5$	VOCs	1.805E0	4325.772
北京市	110000			烷基化油	固定顶罐	$700<V\leq800$	$22.5<T\leq27.5$	VOCs	1.957E0	4962.675
北京市	110000			烷基化油	固定顶罐	$700<V\leq800$	$27.5<T\leq32.5$	VOCs	2.117E0	5770.23
北京市	110000			烷基化油	固定顶罐	$700<V\leq800$	$32.5<T\leq37.5$	VOCs	2.285E0	6833.13

省份	省份代码	地级市	地级市代码	物料名称	储罐类型	储罐容积 V/米^3	储存温度 T/摄氏度	污染物指标	工作损失排放系数/[千克/吨（周转量）]	静置损失排放系数/（千克/年）
北京市	110000			烷基化油	固定顶罐	$700<V\leqslant800$	$T>37.5$	VOCs	2.458E0	8303.139
北京市	110000			烷基化油	固定顶罐	$700<V\leqslant800$	常温	VOCs	1.637E0	3730.012
北京市	110000			烷基化油	固定顶罐	$800<V\leqslant1000$	$T\leqslant2.5$	VOCs	1.277E0	3309.943
北京市	110000			烷基化油	固定顶罐	$800<V\leqslant1000$	$2.5<T\leqslant7.5$	VOCs	1.397E0	3689.478
北京市	110000			烷基化油	固定顶罐	$800<V\leqslant1000$	$7.5<T\leqslant12.5$	VOCs	1.524E0	4130.128
北京市	110000			烷基化油	固定顶罐	$800<V\leqslant1000$	$12.5<T\leqslant17.5$	VOCs	1.66E0	4650.009
北京市	110000			烷基化油	固定顶罐	$800<V\leqslant1000$	$17.5<T\leqslant22.5$	VOCs	1.805E0	5275.333
北京市	110000			烷基化油	固定顶罐	$800<V\leqslant1000$	$22.5<T\leqslant27.5$	VOCs	1.957E0	6045.412
北京市	110000			烷基化油	固定顶罐	$800<V\leqslant1000$	$27.5<T\leqslant32.5$	VOCs	2.117E0	7021.936
北京市	110000			烷基化油	固定顶罐	$800<V\leqslant1000$	$32.5<T\leqslant37.5$	VOCs	2.285E0	8307.415
北京市	110000			烷基化油	固定顶罐	$800<V\leqslant1000$	$T>37.5$	VOCs	2.458E0	10085.527
北京市	110000			烷基化油	固定顶罐	$800<V\leqslant1000$	常温	VOCs	1.637E0	4555.042
北京市	110000			烷基化油	固定顶罐	$1000<V\leqslant1500$	$T\leqslant2.5$	VOCs	1.277E0	4724.997
北京市	110000			烷基化油	固定顶罐	$1000<V\leqslant1500$	$2.5<T\leqslant7.5$	VOCs	1.397E0	5254.602
北京市	110000			烷基化油	固定顶罐	$1000<V\leqslant1500$	$7.5<T\leqslant12.5$	VOCs	1.524E0	5869.324
北京市	110000			烷基化油	固定顶罐	$1000<V\leqslant1500$	$12.5<T\leqslant17.5$	VOCs	1.66E0	6594.524
北京市	110000			烷基化油	固定顶罐	$1000<V\leqslant1500$	$17.5<T\leqslant22.5$	VOCs	1.805E0	7466.879
北京市	110000			烷基化油	固定顶罐	$1000<V\leqslant1500$	$22.5<T\leqslant27.5$	VOCs	1.957E0	8541.378
北京市	110000			烷基化油	固定顶罐	$1000<V\leqslant1500$	$27.5<T\leqslant32.5$	VOCs	2.117E0	9904.281
北京市	110000			烷基化油	固定顶罐	$1000<V\leqslant1500$	$32.5<T\leqslant37.5$	VOCs	2.285E0	11698.908
北京市	110000			烷基化油	固定顶罐	$1000<V\leqslant1500$	$T>37.5$	VOCs	2.458E0	14182.027
北京市	110000			烷基化油	固定顶罐	$1000<V\leqslant1500$	常温	VOCs	1.637E0	6462.049
北京市	110000			烷基化油	固定顶罐	$1500<V\leqslant2000$	$T\leqslant2.5$	VOCs	1.277E0	6559.961
北京市	110000			烷基化油	固定顶罐	$1500<V\leqslant2000$	$2.5<T\leqslant7.5$	VOCs	1.397E0	7287.383
北京市	110000			烷基化油	固定顶罐	$1500<V\leqslant2000$	$7.5<T\leqslant12.5$	VOCs	1.524E0	8131.66
北京市	110000			烷基化油	固定顶罐	$1500<V\leqslant2000$	$12.5<T\leqslant17.5$	VOCs	1.66E0	9127.691
北京市	110000			烷基化油	固定顶罐	$1500<V\leqslant2000$	$17.5<T\leqslant22.5$	VOCs	1.805E0	10325.932
北京市	110000			烷基化油	固定顶罐	$1500<V\leqslant2000$	$22.5<T\leqslant27.5$	VOCs	1.957E0	11802.019
北京市	110000			烷基化油	固定顶罐	$1500<V\leqslant2000$	$27.5<T\leqslant32.5$	VOCs	2.117E0	13674.579
北京市	110000			烷基化油	固定顶罐	$1500<V\leqslant2000$	$32.5<T\leqslant37.5$	VOCs	2.285E0	16140.697
北京市	110000			烷基化油	固定顶罐	$1500<V\leqslant2000$	$T>37.5$	VOCs	2.458E0	19553.448
北京市	110000			烷基化油	固定顶罐	$1500<V\leqslant2000$	常温	VOCs	1.637E0	8945.738
北京市	110000			烷基化油	固定顶罐	$2000<V\leqslant3000$	$T\leqslant2.5$	VOCs	1.277E0	9679.861
北京市	110000			烷基化油	固定顶罐	$2000<V\leqslant3000$	$2.5<T\leqslant7.5$	VOCs	1.397E0	10732.409

省份	省份代码	地级市	地级市代码	物料名称	储罐类型	储罐容积 V/米³	储存温度 T/摄氏度	污染物指标	工作损失排放系数/[千克/吨（周转量）]	静置损失排放系数/（千克/年）
北京市	110000			烷基化油	固定顶罐	2000<V≤3000	7.5<T≤12.5	VOCs	1.524E0	11954.025
北京市	110000			烷基化油	固定顶罐	2000<V≤3000	12.5<T≤17.5	VOCs	1.66E0	13395.4
北京市	110000			烷基化油	固定顶罐	2000<V≤3000	17.5<T≤22.5	VOCs	1.805E0	15129.783
北京市	110000			烷基化油	固定顶罐	2000<V≤3000	22.5<T≤27.5	VOCs	1.957E0	17266.943
北京市	110000			烷基化油	固定顶罐	2000<V≤3000	27.5<T≤32.5	VOCs	2.117E0	19979
北京市	110000			烷基化油	固定顶罐	2000<V≤3000	32.5<T≤37.5	VOCs	2.285E0	23551.865
北京市	110000			烷基化油	固定顶罐	2000<V≤3000	T>37.5	VOCs	2.458E0	28497.7
北京市	110000			烷基化油	固定顶罐	2000<V≤3000	常温	VOCs	1.637E0	13132.072
北京市	110000			烷基化油	固定顶罐	3000<V≤5000	T≤2.5	VOCs	1.277E0	15808.425
北京市	110000			烷基化油	固定顶罐	3000<V≤5000	2.5<T≤7.5	VOCs	1.397E0	17480.401
北京市	110000			烷基化油	固定顶罐	3000<V≤5000	7.5<T≤12.5	VOCs	1.524E0	19421.343
北京市	110000			烷基化油	固定顶罐	3000<V≤5000	12.5<T≤17.5	VOCs	1.66E0	21712.282
北京市	110000			烷基化油	固定顶罐	3000<V≤5000	17.5<T≤22.5	VOCs	1.805E0	24470.225
北京市	110000			烷基化油	固定顶罐	3000<V≤5000	22.5<T≤27.5	VOCs	1.957E0	27870.428
北京市	110000			烷基化油	固定顶罐	3000<V≤5000	27.5<T≤32.5	VOCs	2.117E0	32187.611
北京市	110000			烷基化油	固定顶罐	3000<V≤5000	32.5<T≤37.5	VOCs	2.285E0	37878.018
北京市	110000			烷基化油	固定顶罐	3000<V≤5000	T>37.5	VOCs	2.458E0	45758.855
北京市	110000			烷基化油	固定顶罐	3000<V≤5000	常温	VOCs	1.637E0	21293.672
北京市	110000			烷基化油	固定顶罐	5000<V≤10000	T≤2.5	VOCs	1.277E0	28463.23
北京市	110000			烷基化油	固定顶罐	5000<V≤10000	2.5<T≤7.5	VOCs	1.397E0	31355.231
北京市	110000			烷基化油	固定顶罐	5000<V≤10000	7.5<T≤12.5	VOCs	1.524E0	34715.024
北京市	110000			烷基化油	固定顶罐	5000<V≤10000	12.5<T≤17.5	VOCs	1.66E0	38684.276
北京市	110000			烷基化油	固定顶罐	5000<V≤10000	17.5<T≤22.5	VOCs	1.805E0	43467.338
北京市	110000			烷基化油	固定顶罐	5000<V≤10000	22.5<T≤27.5	VOCs	1.957E0	49370.09
北京市	110000			烷基化油	固定顶罐	5000<V≤10000	27.5<T≤32.5	VOCs	2.117E0	56871.816
北京市	110000			烷基化油	固定顶罐	5000<V≤10000	32.5<T≤37.5	VOCs	2.285E0	66768.303
北京市	110000			烷基化油	固定顶罐	5000<V≤10000	T>37.5	VOCs	2.458E0	80484.738
北京市	110000			烷基化油	固定顶罐	5000<V≤10000	常温	VOCs	1.637E0	37958.719
北京市	110000			烷基化油	固定顶罐	10000<V≤20000	T≤2.5	VOCs	1.277E0	54808.26
北京市	110000			烷基化油	固定顶罐	10000<V≤20000	2.5<T≤7.5	VOCs	1.397E0	60154.088
北京市	110000			烷基化油	固定顶罐	10000<V≤20000	7.5<T≤12.5	VOCs	1.524E0	66372.939
北京市	110000			烷基化油	固定顶罐	10000<V≤20000	12.5<T≤17.5	VOCs	1.66E0	73729.945
北京市	110000			烷基化油	固定顶罐	10000<V≤20000	17.5<T≤22.5	VOCs	1.805E0	82607.216
北京市	110000			烷基化油	固定顶罐	10000<V≤20000	22.5<T≤27.5	VOCs	1.957E0	93576.389

省份	省份代码	地级市	地级市代码	物料名称	储罐类型	储罐容积 V/米^3	储存温度 T/摄氏度	污染物指标	工作损失排放系数/[千克/吨（周转量）]	静置损失排放系数/（千克/年）
北京市	110000			烷基化油	固定顶罐	$10000<V\leq20000$	$27.5<T\leq32.5$	VOCs	2.117E0	107532.879
北京市	110000			烷基化油	固定顶罐	$10000<V\leq20000$	$32.5<T\leq37.5$	VOCs	2.285E0	125963.133
北京市	110000			烷基化油	固定顶罐	$10000<V\leq20000$	$T>37.5$	VOCs	2.458E0	151529.021
北京市	110000			烷基化油	固定顶罐	$10000<V\leq20000$	常温	VOCs	1.637E0	72384.393
北京市	110000			烷基化油	固定顶罐	$20000<V\leq30000$	$T\leq2.5$	VOCs	1.277E0	61441.419
北京市	110000			烷基化油	固定顶罐	$20000<V\leq30000$	$2.5<T\leq7.5$	VOCs	1.397E0	67320.238
北京市	110000			烷基化油	固定顶罐	$20000<V\leq30000$	$7.5<T\leq12.5$	VOCs	1.524E0	74164.749
北京市	110000			烷基化油	固定顶罐	$20000<V\leq30000$	$12.5<T\leq17.5$	VOCs	1.66E0	82268.343
北京市	110000			烷基化油	固定顶罐	$20000<V\leq30000$	$17.5<T\leq22.5$	VOCs	1.805E0	92053.712
北京市	110000			烷基化油	固定顶罐	$20000<V\leq30000$	$22.5<T\leq27.5$	VOCs	1.957E0	104153.079
北京市	110000			烷基化油	固定顶罐	$20000<V\leq30000$	$27.5<T\leq32.5$	VOCs	2.117E0	119556.65
北京市	110000			烷基化油	固定顶罐	$20000<V\leq30000$	$32.5<T\leq37.5$	VOCs	2.285E0	139908.145
北京市	110000			烷基化油	固定顶罐	$20000<V\leq30000$	$T>37.5$	VOCs	2.458E0	168150.992
北京市	110000			烷基化油	固定顶罐	$20000<V\leq30000$	常温	VOCs	1.637E0	80785.791
北京市	110000			抽余油	固定顶罐	$V\leq100$	$T\leq2.5$	VOCs	4.125E-1	100.277
北京市	110000			抽余油	固定顶罐	$V\leq100$	$2.5<T\leq7.5$	VOCs	4.636E-1	115.019
北京市	110000			抽余油	固定顶罐	$V\leq100$	$7.5<T\leq12.5$	VOCs	5.198E-1	131.778
北京市	110000			抽余油	固定顶罐	$V\leq100$	$12.5<T\leq17.5$	VOCs	5.814E-1	150.828
北京市	110000			抽余油	固定顶罐	$V\leq100$	$17.5<T\leq22.5$	VOCs	6.489E-1	172.492
北京市	110000			抽余油	固定顶罐	$V\leq100$	$22.5<T\leq27.5$	VOCs	7.225E-1	197.159
北京市	110000			抽余油	固定顶罐	$V\leq100$	$27.5<T\leq32.5$	VOCs	8.028E-1	225.299
北京市	110000			抽余油	固定顶罐	$V\leq100$	$32.5<T\leq37.5$	VOCs	8.901E-1	257.496
北京市	110000			抽余油	固定顶罐	$V\leq100$	$T>37.5$	VOCs	9.848E-1	294.493
北京市	110000			抽余油	固定顶罐	$V\leq100$	常温	VOCs	5.706E-1	147.414
北京市	110000			抽余油	固定顶罐	$100<V\leq200$	$T\leq2.5$	VOCs	4.125E-1	189.733
北京市	110000			抽余油	固定顶罐	$100<V\leq200$	$2.5<T\leq7.5$	VOCs	4.636E-1	216.438
北京市	110000			抽余油	固定顶罐	$100<V\leq200$	$7.5<T\leq12.5$	VOCs	5.198E-1	246.565
北京市	110000			抽余油	固定顶罐	$100<V\leq200$	$12.5<T\leq17.5$	VOCs	5.814E-1	280.551
北京市	110000			抽余油	固定顶罐	$100<V\leq200$	$17.5<T\leq22.5$	VOCs	6.489E-1	318.914
北京市	110000			抽余油	固定顶罐	$100<V\leq200$	$22.5<T\leq27.5$	VOCs	7.225E-1	362.278
北京市	110000			抽余油	固定顶罐	$100<V\leq200$	$27.5<T\leq32.5$	VOCs	8.028E-1	411.408
北京市	110000			抽余油	固定顶罐	$100<V\leq200$	$32.5<T\leq37.5$	VOCs	8.901E-1	467.258
北京市	110000			抽余油	固定顶罐	$100<V\leq200$	$T>37.5$	VOCs	9.848E-1	531.047
北京市	110000			抽余油	固定顶罐	$100<V\leq200$	常温	VOCs	5.706E-1	274.48

省份	省份代码	地级市	地级市代码	物料名称	储罐类型	储罐容积 V/米^3	储存温度 T/摄氏度	污染物指标	工作损失排放系数/[千克/吨（周转量）]	静置损失排放系数/（千克/年）
北京市	110000			抽余油	固定顶罐	200<V≤300	T≤2.5	VOCs	4.125E-1	274.55
北京市	110000			抽余油	固定顶罐	200<V≤300	2.5<T≤7.5	VOCs	4.636E-1	312.099
北京市	110000			抽余油	固定顶罐	200<V≤300	7.5<T≤12.5	VOCs	5.198E-1	354.26
北京市	110000			抽余油	固定顶罐	200<V≤300	12.5<T≤17.5	VOCs	5.814E-1	401.603
北京市	110000			抽余油	固定顶罐	200<V≤300	17.5<T≤22.5	VOCs	6.489E-1	454.807
北京市	110000			抽余油	固定顶罐	200<V≤300	22.5<T≤27.5	VOCs	7.225E-1	514.692
北京市	110000			抽余油	固定顶罐	200<V≤300	27.5<T≤32.5	VOCs	8.028E-1	582.271
北京市	110000			抽余油	固定顶罐	200<V≤300	32.5<T≤37.5	VOCs	8.901E-1	658.817
北京市	110000			抽余油	固定顶罐	200<V≤300	T>37.5	VOCs	9.848E-1	745.955
北京市	110000			抽余油	固定顶罐	200<V≤300	常温	VOCs	5.706E-1	393.162
北京市	110000			抽余油	固定顶罐	300<V≤400	T≤2.5	VOCs	4.125E-1	355.292
北京市	110000			抽余油	固定顶罐	300<V≤400	2.5<T≤7.5	VOCs	4.636E-1	402.843
北京市	110000			抽余油	固定顶罐	300<V≤400	7.5<T≤12.5	VOCs	5.198E-1	456.054
北京市	110000			抽余油	固定顶罐	300<V≤400	12.5<T≤17.5	VOCs	5.814E-1	515.61
北京市	110000			抽余油	固定顶罐	300<V≤400	17.5<T≤22.5	VOCs	6.489E-1	582.33
北京市	110000			抽余油	固定顶罐	300<V≤400	22.5<T≤27.5	VOCs	7.225E-1	657.211
北京市	110000			抽余油	固定顶罐	300<V≤400	27.5<T≤32.5	VOCs	8.028E-1	741.486
北京市	110000			抽余油	固定顶罐	300<V≤400	32.5<T≤37.5	VOCs	8.901E-1	836.709
北京市	110000			抽余油	固定顶罐	300<V≤400	T>37.5	VOCs	9.848E-1	944.874
北京市	110000			抽余油	固定顶罐	300<V≤400	常温	VOCs	5.706E-1	505.005
北京市	110000			抽余油	固定顶罐	400<V≤500	T≤2.5	VOCs	4.125E-1	438.219
北京市	110000			抽余油	固定顶罐	400<V≤500	2.5<T≤7.5	VOCs	4.636E-1	495.785
北京市	110000			抽余油	固定顶罐	400<V≤500	7.5<T≤12.5	VOCs	5.198E-1	560.023
北京市	110000			抽余油	固定顶罐	400<V≤500	12.5<T≤17.5	VOCs	5.814E-1	631.73
北京市	110000			抽余油	固定顶罐	400<V≤500	17.5<T≤22.5	VOCs	6.489E-1	711.861
北京市	110000			抽余油	固定顶罐	400<V≤500	22.5<T≤27.5	VOCs	7.225E-1	801.583
北京市	110000			抽余油	固定顶罐	400<V≤500	27.5<T≤32.5	VOCs	8.028E-1	902.345
北京市	110000			抽余油	固定顶罐	400<V≤500	32.5<T≤37.5	VOCs	8.901E-1	1015.981
北京市	110000			抽余油	固定顶罐	400<V≤500	T>37.5	VOCs	9.848E-1	1144.845
北京市	110000			抽余油	固定顶罐	400<V≤500	常温	VOCs	5.706E-1	618.974
北京市	110000			抽余油	固定顶罐	500<V≤600	T≤2.5	VOCs	4.125E-1	513.905
北京市	110000			抽余油	固定顶罐	500<V≤600	2.5<T≤7.5	VOCs	4.636E-1	580.591
北京市	110000			抽余油	固定顶罐	500<V≤600	7.5<T≤12.5	VOCs	5.198E-1	654.876
北京市	110000			抽余油	固定顶罐	500<V≤600	12.5<T≤17.5	VOCs	5.814E-1	737.657

省份	省份代码	地级市	地级市代码	物料名称	储罐类型	储罐容积 V/米^3	储存温度 T/摄氏度	污染物指标	工作损失排放系数/[千克/吨（周转量）]	静置损失排放系数/（千克/年）
北京市	110000			抽余油	固定顶罐	$500<V\leq600$	$17.5<T\leq22.5$	VOCs	6.489E-1	830.017
北京市	110000			抽余油	固定顶罐	$500<V\leq600$	$22.5<T\leq27.5$	VOCs	7.225E-1	933.282
北京市	110000			抽余油	固定顶罐	$500<V\leq600$	$27.5<T\leq32.5$	VOCs	8.028E-1	1049.101
北京市	110000			抽余油	固定顶罐	$500<V\leq600$	$32.5<T\leq37.5$	VOCs	8.901E-1	1179.567
北京市	110000			抽余油	固定顶罐	$500<V\leq600$	$T>37.5$	VOCs	9.848E-1	1327.368
北京市	110000			抽余油	固定顶罐	$500<V\leq600$	常温	VOCs	5.706E-1	722.941
北京市	110000			抽余油	固定顶罐	$600<V\leq700$	$T\leq2.5$	VOCs	4.125E-1	604.746
北京市	110000			抽余油	固定顶罐	$600<V\leq700$	$2.5<T\leq7.5$	VOCs	4.636E-1	682.609
北京市	110000			抽余油	固定顶罐	$600<V\leq700$	$7.5<T\leq12.5$	VOCs	5.198E-1	769.246
北京市	110000			抽余油	固定顶罐	$600<V\leq700$	$12.5<T\leq17.5$	VOCs	5.814E-1	865.692
北京市	110000			抽余油	固定顶罐	$600<V\leq700$	$17.5<T\leq22.5$	VOCs	6.489E-1	973.193
北京市	110000			抽余油	固定顶罐	$600<V\leq700$	$22.5<T\leq27.5$	VOCs	7.225E-1	1093.279
北京市	110000			抽余油	固定顶罐	$600<V\leq700$	$27.5<T\leq32.5$	VOCs	8.028E-1	1227.857
北京市	110000			抽余油	固定顶罐	$600<V\leq700$	$32.5<T\leq37.5$	VOCs	8.901E-1	1379.346
北京市	110000			抽余油	固定顶罐	$600<V\leq700$	$T>37.5$	VOCs	9.848E-1	1550.86
北京市	110000			抽余油	固定顶罐	$600<V\leq700$	常温	VOCs	5.706E-1	848.554
北京市	110000			抽余油	固定顶罐	$700<V\leq800$	$T\leq2.5$	VOCs	4.125E-1	666.643
北京市	110000			抽余油	固定顶罐	$700<V\leq800$	$2.5<T\leq7.5$	VOCs	4.636E-1	751.145
北京市	110000			抽余油	固定顶罐	$700<V\leq800$	$7.5<T\leq12.5$	VOCs	5.198E-1	844.967
北京市	110000			抽余油	固定顶罐	$700<V\leq800$	$12.5<T\leq17.5$	VOCs	5.814E-1	949.201
北京市	110000			抽余油	固定顶罐	$700<V\leq800$	$17.5<T\leq22.5$	VOCs	6.489E-1	1065.164
北京市	110000			抽余油	固定顶罐	$700<V\leq800$	$22.5<T\leq27.5$	VOCs	7.225E-1	1194.481
北京市	110000			抽余油	固定顶罐	$700<V\leq800$	$27.5<T\leq32.5$	VOCs	8.028E-1	1339.185
北京市	110000			抽余油	固定顶罐	$700<V\leq800$	$32.5<T\leq37.5$	VOCs	8.901E-1	1501.857
北京市	110000			抽余油	固定顶罐	$700<V\leq800$	$T>37.5$	VOCs	9.848E-1	1685.824
北京市	110000			抽余油	固定顶罐	$700<V\leq800$	常温	VOCs	5.706E-1	930.693
北京市	110000			抽余油	固定顶罐	$800<V\leq1000$	$T\leq2.5$	VOCs	4.125E-1	831.518
北京市	110000			抽余油	固定顶罐	$800<V\leq1000$	$2.5<T\leq7.5$	VOCs	4.636E-1	935.217
北京市	110000			抽余油	固定顶罐	$800<V\leq1000$	$7.5<T\leq12.5$	VOCs	5.198E-1	1050.106
北京市	110000			抽余油	固定顶罐	$800<V\leq1000$	$12.5<T\leq17.5$	VOCs	5.814E-1	1177.486
北京市	110000			抽余油	固定顶罐	$800<V\leq1000$	$17.5<T\leq22.5$	VOCs	6.489E-1	1318.938
北京市	110000			抽余油	固定顶罐	$800<V\leq1000$	$22.5<T\leq27.5$	VOCs	7.225E-1	1476.416
北京市	110000			抽余油	固定顶罐	$800<V\leq1000$	$27.5<T\leq32.5$	VOCs	8.028E-1	1652.372
北京市	110000			抽余油	固定顶罐	$800<V\leq1000$	$32.5<T\leq37.5$	VOCs	8.901E-1	1849.925

省份	省份代码	地级市	地级市代码	物料名称	储罐类型	储罐容积 V/米³	储存温度 T/摄氏度	污染物指标	工作损失排放系数/[千克/吨（周转量）]	静置损失排放系数/（千克/年）
北京市	110000			抽余油	固定顶罐	800<V≤1000	T>37.5	VOCs	9.848E-1	2073.102
北京市	110000			抽余油	固定顶罐	800<V≤1000	常温	VOCs	5.706E-1	1154.886
北京市	110000			抽余油	固定顶罐	1000<V≤1500	T≤2.5	VOCs	4.125E-1	1223.144
北京市	110000			抽余油	固定顶罐	1000<V≤1500	2.5<T≤7.5	VOCs	4.636E-1	1371.301
北京市	110000			抽余油	固定顶罐	1000<V≤1500	7.5<T≤12.5	VOCs	5.198E-1	1534.842
北京市	110000			抽余油	固定顶罐	1000<V≤1500	12.5<T≤17.5	VOCs	5.814E-1	1715.55
北京市	110000			抽余油	固定顶罐	1000<V≤1500	17.5<T≤22.5	VOCs	6.489E-1	1915.604
北京市	110000			抽余油	固定顶罐	1000<V≤1500	22.5<T≤27.5	VOCs	7.225E-1	2137.717
北京市	110000			抽余油	固定顶罐	1000<V≤1500	27.5<T≤32.5	VOCs	8.028E-1	2385.305
北京市	110000			抽余油	固定顶罐	1000<V≤1500	32.5<T≤37.5	VOCs	8.901E-1	2662.723
北京市	110000			抽余油	固定顶罐	1000<V≤1500	T>37.5	VOCs	9.848E-1	2975.606
北京市	110000			抽余油	固定顶罐	1000<V≤1500	常温	VOCs	5.706E-1	1683.53
北京市	110000			抽余油	固定顶罐	1500<V≤2000	T≤2.5	VOCs	4.125E-1	1722.593
北京市	110000			抽余油	固定顶罐	1500<V≤2000	2.5<T≤7.5	VOCs	4.636E-1	1928.254
北京市	110000			抽余油	固定顶罐	1500<V≤2000	7.5<T≤12.5	VOCs	5.198E-1	2154.881
北京市	110000			抽余油	固定顶罐	1500<V≤2000	12.5<T≤17.5	VOCs	5.814E-1	2404.901
北京市	110000			抽余油	固定顶罐	1500<V≤2000	17.5<T≤22.5	VOCs	6.489E-1	2681.299
北京市	110000			抽余油	固定顶罐	1500<V≤2000	22.5<T≤27.5	VOCs	7.225E-1	2987.795
北京市	110000			抽余油	固定顶罐	1500<V≤2000	27.5<T≤32.5	VOCs	8.028E-1	3329.082
北京市	110000			抽余油	固定顶罐	1500<V≤2000	32.5<T≤37.5	VOCs	8.901E-1	3711.155
北京市	110000			抽余油	固定顶罐	1500<V≤2000	T>37.5	VOCs	9.848E-1	4141.766
北京市	110000			抽余油	固定顶罐	1500<V≤2000	常温	VOCs	5.706E-1	2360.627
北京市	110000			抽余油	固定顶罐	2000<V≤3000	T≤2.5	VOCs	4.125E-1	2609.539
北京市	110000			抽余油	固定顶罐	2000<V≤3000	2.5<T≤7.5	VOCs	4.636E-1	2912.624
北京市	110000			抽余油	固定顶罐	2000<V≤3000	7.5<T≤12.5	VOCs	5.198E-1	3245.564
北京市	110000			抽余油	固定顶罐	2000<V≤3000	12.5<T≤17.5	VOCs	5.814E-1	3611.839
北京市	110000			抽余油	固定顶罐	2000<V≤3000	17.5<T≤22.5	VOCs	6.489E-1	4015.751
北京市	110000			抽余油	固定顶罐	2000<V≤3000	22.5<T≤27.5	VOCs	7.225E-1	4462.686
北京市	110000			抽余油	固定顶罐	2000<V≤3000	27.5<T≤32.5	VOCs	8.028E-1	4959.456
北京市	110000			抽余油	固定顶罐	2000<V≤3000	32.5<T≤37.5	VOCs	8.901E-1	5514.774
北京市	110000			抽余油	固定顶罐	2000<V≤3000	T>37.5	VOCs	9.848E-1	6139.913
北京市	110000			抽余油	固定顶罐	2000<V≤3000	常温	VOCs	5.706E-1	3547.047
北京市	110000			抽余油	固定顶罐	3000<V≤5000	T≤2.5	VOCs	4.125E-1	4425.113
北京市	110000			抽余油	固定顶罐	3000<V≤5000	2.5<T≤7.5	VOCs	4.636E-1	4917.987

省份	省份代码	地级市	地级市代码	物料名称	储罐类型	储罐容积 V/米^3	储存温度 T/摄氏度	污染物指标	工作损失排放系数/[千克/吨（周转量）]	静置损失排放系数/（千克/年）
北京市	110000			抽余油	固定顶罐	$3000 < V \le 5000$	$7.5 < T \le 12.5$	VOCs	5.198E-1	5457.081
北京市	110000			抽余油	固定顶罐	$3000 < V \le 5000$	$12.5 < T \le 17.5$	VOCs	5.814E-1	6047.892
北京市	110000			抽余油	固定顶罐	$3000 < V \le 5000$	$17.5 < T \le 22.5$	VOCs	6.489E-1	6697.271
北京市	110000			抽余油	固定顶罐	$3000 < V \le 5000$	$22.5 < T \le 27.5$	VOCs	7.225E-1	7413.83
北京市	110000			抽余油	固定顶罐	$3000 < V \le 5000$	$27.5 < T \le 32.5$	VOCs	8.028E-1	8208.49
北京市	110000			抽余油	固定顶罐	$3000 < V \le 5000$	$32.5 < T \le 37.5$	VOCs	8.901E-1	9095.228
北京市	110000			抽余油	固定顶罐	$3000 < V \le 5000$	$T > 37.5$	VOCs	9.848E-1	10092.13
北京市	110000			抽余油	固定顶罐	$3000 < V \le 5000$	常温	VOCs	5.706E-1	5943.531
北京市	110000			抽余油	固定顶罐	$5000 < V \le 10000$	$T \le 2.5$	VOCs	4.125E-1	8422.599
北京市	110000			抽余油	固定顶罐	$5000 < V \le 10000$	$2.5 < T \le 7.5$	VOCs	4.636E-1	9299.316
北京市	110000			抽余油	固定顶罐	$5000 < V \le 10000$	$7.5 < T \le 12.5$	VOCs	5.198E-1	10252.61
北京市	110000			抽余油	固定顶罐	$5000 < V \le 10000$	$12.5 < T \le 17.5$	VOCs	5.814E-1	11292.111
北京市	110000			抽余油	固定顶罐	$5000 < V \le 10000$	$17.5 < T \le 22.5$	VOCs	6.489E-1	12429.906
北京市	110000			抽余油	固定顶罐	$5000 < V \le 10000$	$22.5 < T \le 27.5$	VOCs	7.225E-1	13681.23
北京市	110000			抽余油	固定顶罐	$5000 < V \le 10000$	$27.5 < T \le 32.5$	VOCs	8.028E-1	15065.399
北京市	110000			抽余油	固定顶罐	$5000 < V \le 10000$	$32.5 < T \le 37.5$	VOCs	8.901E-1	16607.102
北京市	110000			抽余油	固定顶罐	$5000 < V \le 10000$	$T > 37.5$	VOCs	9.848E-1	18338.212
北京市	110000			抽余油	固定顶罐	$5000 < V \le 10000$	常温	VOCs	5.706E-1	11108.829
北京市	110000			抽余油	固定顶罐	$10000 < V \le 20000$	$T \le 2.5$	VOCs	4.125E-1	17185.557
北京市	110000			抽余油	固定顶罐	$10000 < V \le 20000$	$2.5 < T \le 7.5$	VOCs	4.636E-1	18838.06
北京市	110000			抽余油	固定顶罐	$10000 < V \le 20000$	$7.5 < T \le 12.5$	VOCs	5.198E-1	20625.453
北京市	110000			抽余油	固定顶罐	$10000 < V \le 20000$	$12.5 < T \le 17.5$	VOCs	5.814E-1	22566.278
北京市	110000			抽余油	固定顶罐	$10000 < V \le 20000$	$17.5 < T \le 22.5$	VOCs	6.489E-1	24683.782
北京市	110000			抽余油	固定顶罐	$10000 < V \le 20000$	$22.5 < T \le 27.5$	VOCs	7.225E-1	27007.169
北京市	110000			抽余油	固定顶罐	$10000 < V \le 20000$	$27.5 < T \le 32.5$	VOCs	8.028E-1	29573.304
北京市	110000			抽余油	固定顶罐	$10000 < V \le 20000$	$32.5 < T \le 37.5$	VOCs	8.901E-1	32429.084
北京市	110000			抽余油	固定顶罐	$10000 < V \le 20000$	$T > 37.5$	VOCs	9.848E-1	35634.802
北京市	110000			抽余油	固定顶罐	$10000 < V \le 20000$	常温	VOCs	5.706E-1	22224.58
北京市	110000			抽余油	固定顶罐	$20000 < V \le 30000$	$T \le 2.5$	VOCs	4.125E-1	19807.033
北京市	110000			抽余油	固定顶罐	$20000 < V \le 30000$	$2.5 < T \le 7.5$	VOCs	4.636E-1	21633.944
北京市	110000			抽余油	固定顶罐	$20000 < V \le 30000$	$7.5 < T \le 12.5$	VOCs	5.198E-1	23605.883
北京市	110000			抽余油	固定顶罐	$20000 < V \le 30000$	$12.5 < T \le 17.5$	VOCs	5.814E-1	25743.821
北京市	110000			抽余油	固定顶罐	$20000 < V \le 30000$	$17.5 < T \le 22.5$	VOCs	6.489E-1	28073.956
北京市	110000			抽余油	固定顶罐	$20000 < V \le 30000$	$22.5 < T \le 27.5$	VOCs	7.225E-1	30629.076

省份	省份代码	地级市	地级市代码	物料名称	储罐类型	储罐容积 V/米^3	储存温度 T/摄氏度	污染物指标	工作损失排放系数/[千克/吨（周转量）]	静置损失排放系数/（千克/年）
北京市	110000			抽余油	固定顶罐	20000<V≤30000	27.5<T≤32.5	VOCs	8.028E-1	33450.424
北京市	110000			抽余油	固定顶罐	20000<V≤30000	32.5<T≤37.5	VOCs	8.901E-1	36590.304
北京市	110000			抽余油	固定顶罐	20000<V≤30000	T>37.5	VOCs	9.848E-1	40115.796
北京市	110000			抽余油	固定顶罐	20000<V≤30000	常温	VOCs	5.706E-1	25367.608
北京市	110000			航空煤油	固定顶罐	V≤100	T≤2.5	VOCs	1.42E-1	28.56
北京市	110000			航空煤油	固定顶罐	V≤100	2.5<T≤7.5	VOCs	1.628E-1	32.836
北京市	110000			航空煤油	固定顶罐	V≤100	7.5<T≤12.5	VOCs	1.862E-1	37.703
北京市	110000			航空煤油	固定顶罐	V≤100	12.5<T≤17.5	VOCs	2.124E-1	43.237
北京市	110000			航空煤油	固定顶罐	V≤100	17.5<T≤22.5	VOCs	2.416E-1	49.526
北京市	110000			航空煤油	固定顶罐	V≤100	22.5<T≤27.5	VOCs	2.742E-1	56.668
北京市	110000			航空煤油	固定顶罐	V≤100	27.5<T≤32.5	VOCs	3.103E-1	64.772
北京市	110000			航空煤油	固定顶罐	V≤100	32.5<T≤37.5	VOCs	3.504E-1	73.959
北京市	110000			航空煤油	固定顶罐	V≤100	T>37.5	VOCs	3.947E-1	84.366
北京市	110000			航空煤油	固定顶罐	V≤100	常温	VOCs	2.078E-1	42.245
北京市	110000			航空煤油	固定顶罐	100<V≤200	T≤2.5	VOCs	1.42E-1	56.272
北京市	110000			航空煤油	固定顶罐	100<V≤200	2.5<T≤7.5	VOCs	1.628E-1	64.561
北京市	110000			航空煤油	固定顶罐	100<V≤200	7.5<T≤12.5	VOCs	1.862E-1	73.957
北京市	110000			航空煤油	固定顶罐	100<V≤200	12.5<T≤17.5	VOCs	2.124E-1	84.595
北京市	110000			航空煤油	固定顶罐	100<V≤200	17.5<T≤22.5	VOCs	2.416E-1	96.627
北京市	110000			航空煤油	固定顶罐	100<V≤200	22.5<T≤27.5	VOCs	2.742E-1	110.219
北京市	110000			航空煤油	固定顶罐	100<V≤200	27.5<T≤32.5	VOCs	3.103E-1	125.557
北京市	110000			航空煤油	固定顶罐	100<V≤200	32.5<T≤37.5	VOCs	3.504E-1	142.846
北京市	110000			航空煤油	固定顶罐	100<V≤200	T>37.5	VOCs	3.947E-1	162.311
北京市	110000			航空煤油	固定顶罐	100<V≤200	常温	VOCs	2.078E-1	82.693
北京市	110000			航空煤油	固定顶罐	200<V≤300	T≤2.5	VOCs	1.42E-1	83.647
北京市	110000			航空煤油	固定顶罐	200<V≤300	2.5<T≤7.5	VOCs	1.628E-1	95.831
北京市	110000			航空煤油	固定顶罐	200<V≤300	7.5<T≤12.5	VOCs	1.862E-1	109.603
北京市	110000			航空煤油	固定顶罐	200<V≤300	12.5<T≤17.5	VOCs	2.124E-1	125.15
北京市	110000			航空煤油	固定顶罐	200<V≤300	17.5<T≤22.5	VOCs	2.416E-1	142.676
北京市	110000			航空煤油	固定顶罐	200<V≤300	22.5<T≤27.5	VOCs	2.742E-1	162.407
北京市	110000			航空煤油	固定顶罐	200<V≤300	27.5<T≤32.5	VOCs	3.103E-1	184.591
北京市	110000			航空煤油	固定顶罐	200<V≤300	32.5<T≤37.5	VOCs	3.504E-1	209.5
北京市	110000			航空煤油	固定顶罐	200<V≤300	T>37.5	VOCs	3.947E-1	237.433
北京市	110000			航空煤油	固定顶罐	200<V≤300	常温	VOCs	2.078E-1	122.373

省份	省份代码	地级市	地级市代码	物料名称	储罐类型	储罐容积 V/米^3	储存温度 T/摄氏度	污染物指标	工作损失排放系数/[千克/吨（周转量）]	静置损失排放系数/（千克/年）
北京市	110000			航空煤油	固定顶罐	$300<V\leq400$	$T\leq2.5$	VOCs	1.42E-1	110.474
北京市	110000			航空煤油	固定顶罐	$300<V\leq400$	$2.5<T\leq7.5$	VOCs	1.628E-1	126.425
北京市	110000			航空煤油	固定顶罐	$300<V\leq400$	$7.5<T\leq12.5$	VOCs	1.862E-1	144.417
北京市	110000			航空煤油	固定顶罐	$300<V\leq400$	$12.5<T\leq17.5$	VOCs	2.124E-1	164.679
北京市	110000			航空煤油	固定顶罐	$300<V\leq400$	$17.5<T\leq22.5$	VOCs	2.416E-1	187.466
北京市	110000			航空煤油	固定顶罐	$300<V\leq400$	$22.5<T\leq27.5$	VOCs	2.742E-1	213.051
北京市	110000			航空煤油	固定顶罐	$300<V\leq400$	$27.5<T\leq32.5$	VOCs	3.103E-1	241.738
北京市	110000			航空煤油	固定顶罐	$300<V\leq400$	$32.5<T\leq37.5$	VOCs	3.504E-1	273.854
北京市	110000			航空煤油	固定顶罐	$300<V\leq400$	$T>37.5$	VOCs	3.947E-1	309.76
北京市	110000			航空煤油	固定顶罐	$300<V\leq400$	常温	VOCs	2.078E-1	161.064
北京市	110000			航空煤油	固定顶罐	$400<V\leq500$	$T\leq2.5$	VOCs	1.42E-1	138.678
北京市	110000			航空煤油	固定顶罐	$400<V\leq500$	$2.5<T\leq7.5$	VOCs	1.628E-1	158.546
北京市	110000			航空煤油	固定顶罐	$400<V\leq500$	$7.5<T\leq12.5$	VOCs	1.862E-1	180.914
北京市	110000			航空煤油	固定顶罐	$400<V\leq500$	$12.5<T\leq17.5$	VOCs	2.124E-1	206.054
北京市	110000			航空煤油	固定顶罐	$400<V\leq500$	$17.5<T\leq22.5$	VOCs	2.416E-1	234.264
北京市	110000			航空煤油	固定顶罐	$400<V\leq500$	$22.5<T\leq27.5$	VOCs	2.742E-1	265.868
北京市	110000			航空煤油	固定顶罐	$400<V\leq500$	$27.5<T\leq32.5$	VOCs	3.103E-1	301.216
北京市	110000			航空煤油	固定顶罐	$400<V\leq500$	$32.5<T\leq37.5$	VOCs	3.504E-1	340.692
北京市	110000			航空煤油	固定顶罐	$400<V\leq500$	$T>37.5$	VOCs	3.947E-1	384.713
北京市	110000			航空煤油	固定顶罐	$400<V\leq500$	常温	VOCs	2.078E-1	201.572
北京市	110000			航空煤油	固定顶罐	$500<V\leq600$	$T\leq2.5$	VOCs	1.42E-1	164.526
北京市	110000			航空煤油	固定顶罐	$500<V\leq600$	$2.5<T\leq7.5$	VOCs	1.628E-1	187.974
北京市	110000			航空煤油	固定顶罐	$500<V\leq600$	$7.5<T\leq12.5$	VOCs	1.862E-1	214.34
北京市	110000			航空煤油	固定顶罐	$500<V\leq600$	$12.5<T\leq17.5$	VOCs	2.124E-1	243.933
北京市	110000			航空煤油	固定顶罐	$500<V\leq600$	$17.5<T\leq22.5$	VOCs	2.416E-1	277.093
北京市	110000			航空煤油	固定顶罐	$500<V\leq600$	$22.5<T\leq27.5$	VOCs	2.742E-1	314.185
北京市	110000			航空煤油	固定顶罐	$500<V\leq600$	$27.5<T\leq32.5$	VOCs	3.103E-1	355.607
北京市	110000			航空煤油	固定顶罐	$500<V\leq600$	$32.5<T\leq37.5$	VOCs	3.504E-1	401.789
北京市	110000			航空煤油	固定顶罐	$500<V\leq600$	$T>37.5$	VOCs	3.947E-1	453.201
北京市	110000			航空煤油	固定顶罐	$500<V\leq600$	常温	VOCs	2.078E-1	238.66
北京市	110000			航空煤油	固定顶罐	$600<V\leq700$	$T\leq2.5$	VOCs	1.42E-1	195.052
北京市	110000			航空煤油	固定顶罐	$600<V\leq700$	$2.5<T\leq7.5$	VOCs	1.628E-1	222.756
北京市	110000			航空煤油	固定顶罐	$600<V\leq700$	$7.5<T\leq12.5$	VOCs	1.862E-1	253.882
北京市	110000			航空煤油	固定顶罐	$600<V\leq700$	$12.5<T\leq17.5$	VOCs	2.124E-1	288.789

省份	省份代码	地级市	地级市代码	物料名称	储罐类型	储罐容积 V/米^3	储存温度 T/摄氏度	污染物指标	工作损失排放系数/[千克/吨（周转量）]	静置损失排放系数/（千克/年）
北京市	110000			航空煤油	固定顶罐	600＜V≤700	17.5＜T≤22.5	VOCs	2.416E-1	327.867
北京市	110000			航空煤油	固定顶罐	600＜V≤700	22.5＜T≤27.5	VOCs	2.742E-1	371.536
北京市	110000			航空煤油	固定顶罐	600＜V≤700	27.5＜T≤32.5	VOCs	3.103E-1	420.253
北京市	110000			航空煤油	固定顶罐	600＜V≤700	32.5＜T≤37.5	VOCs	3.504E-1	474.511
北京市	110000			航空煤油	固定顶罐	600＜V≤700	T＞37.5	VOCs	3.947E-1	534.849
北京市	110000			航空煤油	固定顶罐	600＜V≤700	常温	VOCs	2.078E-1	282.572
北京市	110000			航空煤油	固定顶罐	700＜V≤800	T≤2.5	VOCs	1.42E-1	218.23
北京市	110000			航空煤油	固定顶罐	700＜V≤800	2.5＜T≤7.5	VOCs	1.628E-1	249.014
北京市	110000			航空煤油	固定顶罐	700＜V≤800	7.5＜T≤12.5	VOCs	1.862E-1	283.544
北京市	110000			航空煤油	固定顶罐	700＜V≤800	12.5＜T≤17.5	VOCs	2.124E-1	322.2
北京市	110000			航空煤油	固定顶罐	700＜V≤800	17.5＜T≤22.5	VOCs	2.416E-1	365.395
北京市	110000			航空煤油	固定顶罐	700＜V≤800	22.5＜T≤27.5	VOCs	2.742E-1	413.572
北京市	110000			航空煤油	固定顶罐	700＜V≤800	27.5＜T≤32.5	VOCs	3.103E-1	467.208
北京市	110000			航空煤油	固定顶罐	700＜V≤800	32.5＜T≤37.5	VOCs	3.504E-1	526.82
北京市	110000			航空煤油	固定顶罐	700＜V≤800	T＞37.5	VOCs	3.947E-1	592.969
北京市	110000			航空煤油	固定顶罐	700＜V≤800	常温	VOCs	2.078E-1	315.32
北京市	110000			航空煤油	固定顶罐	800＜V≤1000	T≤2.5	VOCs	1.42E-1	276.456
北京市	110000			航空煤油	固定顶罐	800＜V≤1000	2.5＜T≤7.5	VOCs	1.628E-1	315.169
北京市	110000			航空煤油	固定顶罐	800＜V≤1000	7.5＜T≤12.5	VOCs	1.862E-1	358.516
北京市	110000			航空煤油	固定顶罐	800＜V≤1000	12.5＜T≤17.5	VOCs	2.124E-1	406.955
北京市	110000			航空煤油	固定顶罐	800＜V≤1000	17.5＜T≤22.5	VOCs	2.416E-1	460.976
北京市	110000			航空煤油	固定顶罐	800＜V≤1000	22.5＜T≤27.5	VOCs	2.742E-1	521.105
北京市	110000			航空煤油	固定顶罐	800＜V≤1000	27.5＜T≤32.5	VOCs	3.103E-1	587.905
北京市	110000			航空煤油	固定顶罐	800＜V≤1000	32.5＜T≤37.5	VOCs	3.504E-1	661.986
北京市	110000			航空煤油	固定顶罐	800＜V≤1000	T＞37.5	VOCs	3.947E-1	744.009
北京市	110000			航空煤油	固定顶罐	800＜V≤1000	常温	VOCs	2.078E-1	398.341
北京市	110000			航空煤油	固定顶罐	1000＜V≤1500	T≤2.5	VOCs	1.42E-1	418.161
北京市	110000			航空煤油	固定顶罐	1000＜V≤1500	2.5＜T≤7.5	VOCs	1.628E-1	475.925
北京市	110000			航空煤油	固定顶罐	1000＜V≤1500	7.5＜T≤12.5	VOCs	1.862E-1	540.403
北京市	110000			航空煤油	固定顶罐	1000＜V≤1500	12.5＜T≤17.5	VOCs	2.124E-1	612.212
北京市	110000			航空煤油	固定顶罐	1000＜V≤1500	17.5＜T≤22.5	VOCs	2.416E-1	692.014
北京市	110000			航空煤油	固定顶罐	1000＜V≤1500	22.5＜T≤27.5	VOCs	2.742E-1	780.51
北京市	110000			航空煤油	固定顶罐	1000＜V≤1500	27.5＜T≤32.5	VOCs	3.103E-1	878.452
北京市	110000			航空煤油	固定顶罐	1000＜V≤1500	32.5＜T≤37.5	VOCs	3.504E-1	986.645

省份	省份代码	地级市	地级市代码	物料名称	储罐类型	储罐容积 V/米³	储存温度 T/摄氏度	污染物指标	工作损失排放系数/[千克/吨（周转量）]	静置损失排放系数/（千克/年）
北京市	110000			航空煤油	固定顶罐	1000<V≤1500	T>37.5	VOCs	3.947E-1	1105.964
北京市	110000			航空煤油	固定顶罐	1000<V≤1500	常温	VOCs	2.078E-1	599.459
北京市	110000			航空煤油	固定顶罐	1500<V≤2000	T≤2.5	VOCs	1.42E-1	597.135
北京市	110000			航空煤油	固定顶罐	1500<V≤2000	2.5<T≤7.5	VOCs	1.628E-1	679.05
北京市	110000			航空煤油	固定顶罐	1500<V≤2000	7.5<T≤12.5	VOCs	1.862E-1	770.339
北京市	110000			航空煤油	固定顶罐	1500<V≤2000	12.5<T≤17.5	VOCs	2.124E-1	871.838
北京市	110000			航空煤油	固定顶罐	1500<V≤2000	17.5<T≤22.5	VOCs	2.416E-1	984.434
北京市	110000			航空煤油	固定顶罐	1500<V≤2000	22.5<T≤27.5	VOCs	2.742E-1	1109.067
北京市	110000			航空煤油	固定顶罐	1500<V≤2000	27.5<T≤32.5	VOCs	3.103E-1	1246.741
北京市	110000			航空煤油	固定顶罐	1500<V≤2000	32.5<T≤37.5	VOCs	3.504E-1	1398.532
北京市	110000			航空煤油	固定顶罐	1500<V≤2000	T>37.5	VOCs	3.947E-1	1565.607
北京市	110000			航空煤油	固定顶罐	1500<V≤2000	常温	VOCs	2.078E-1	853.826
北京市	110000			航空煤油	固定顶罐	2000<V≤3000	T≤2.5	VOCs	1.42E-1	928.946
北京市	110000			航空煤油	固定顶罐	2000<V≤3000	2.5<T≤7.5	VOCs	1.628E-1	1054.644
北京市	110000			航空煤油	固定顶罐	2000<V≤3000	7.5<T≤12.5	VOCs	1.862E-1	1194.292
北京市	110000			航空煤油	固定顶罐	2000<V≤3000	12.5<T≤17.5	VOCs	2.124E-1	1349.052
北京市	110000			航空煤油	固定顶罐	2000<V≤3000	17.5<T≤22.5	VOCs	2.416E-1	1520.144
北京市	110000			航空煤油	固定顶罐	2000<V≤3000	22.5<T≤27.5	VOCs	2.742E-1	1708.857
北京市	110000			航空煤油	固定顶罐	2000<V≤3000	27.5<T≤32.5	VOCs	3.103E-1	1916.561
北京市	110000			航空煤油	固定顶罐	2000<V≤3000	32.5<T≤37.5	VOCs	3.504E-1	2144.723
北京市	110000			航空煤油	固定顶罐	2000<V≤3000	T>37.5	VOCs	3.947E-1	2394.936
北京市	110000			航空煤油	固定顶罐	2000<V≤3000	常温	VOCs	2.078E-1	1321.625
北京市	110000			航空煤油	固定顶罐	3000<V≤5000	T≤2.5	VOCs	1.42E-1	1640.543
北京市	110000			航空煤油	固定顶罐	3000<V≤5000	2.5<T≤7.5	VOCs	1.628E-1	1857.705
北京市	110000			航空煤油	固定顶罐	3000<V≤5000	7.5<T≤12.5	VOCs	1.862E-1	2097.799
北京市	110000			航空煤油	固定顶罐	3000<V≤5000	12.5<T≤17.5	VOCs	2.124E-1	2362.518
北京市	110000			航空煤油	固定顶罐	3000<V≤5000	17.5<T≤22.5	VOCs	2.416E-1	2653.625
北京市	110000			航空煤油	固定顶罐	3000<V≤5000	22.5<T≤27.5	VOCs	2.742E-1	2972.971
北京市	110000			航空煤油	固定顶罐	3000<V≤5000	27.5<T≤32.5	VOCs	3.103E-1	3322.515
北京市	110000			航空煤油	固定顶罐	3000<V≤5000	32.5<T≤37.5	VOCs	3.504E-1	3704.365
北京市	110000			航空煤油	固定顶罐	3000<V≤5000	T>37.5	VOCs	3.947E-1	4120.825
北京市	110000			航空煤油	固定顶罐	3000<V≤5000	常温	VOCs	2.078E-1	2315.703
北京市	110000			航空煤油	固定顶罐	5000<V≤10000	T≤2.5	VOCs	1.42E-1	3336.463
北京市	110000			航空煤油	固定顶罐	5000<V≤10000	2.5<T≤7.5	VOCs	1.628E-1	3761.345

省份	省份代码	地级市	地级市代码	物料名称	储罐类型	储罐容积 V/米³	储存温度 T/摄氏度	污染物指标	工作损失排放系数/[千克/吨（周转量）]	静置损失排放系数/（千克/年）
北京市	110000			航空煤油	固定顶罐	5000＜V≤10000	7.5＜T≤12.5	VOCs	1.862E-1	4227.235
北京市	110000			航空煤油	固定顶罐	5000＜V≤10000	12.5＜T≤17.5	VOCs	2.124E-1	4736.524
北京市	110000			航空煤油	固定顶罐	5000＜V≤10000	17.5＜T≤22.5	VOCs	2.416E-1	5291.672
北京市	110000			航空煤油	固定顶罐	5000＜V≤10000	22.5＜T≤27.5	VOCs	2.742E-1	5895.256
北京市	110000			航空煤油	固定顶罐	5000＜V≤10000	27.5＜T≤32.5	VOCs	3.103E-1	6550.036
北京市	110000			航空煤油	固定顶罐	5000＜V≤10000	32.5＜T≤37.5	VOCs	3.504E-1	7259.045
北京市	110000			航空煤油	固定顶罐	5000＜V≤10000	T＞37.5	VOCs	3.947E-1	8025.697
北京市	110000			航空煤油	固定顶罐	5000＜V≤10000	常温	VOCs	2.078E-1	4646.779
北京市	110000			航空煤油	固定顶罐	10000＜V≤20000	T≤2.5	VOCs	1.42E-1	7364.512
北京市	110000			航空煤油	固定顶罐	10000＜V≤20000	2.5＜T≤7.5	VOCs	1.628E-1	8255.601
北京市	110000			航空煤油	固定顶罐	10000＜V≤20000	7.5＜T≤12.5	VOCs	1.862E-1	9222.68
北京市	110000			航空煤油	固定顶罐	10000＜V≤20000	12.5＜T≤17.5	VOCs	2.124E-1	10268.758
北京市	110000			航空煤油	固定顶罐	10000＜V≤20000	17.5＜T≤22.5	VOCs	2.416E-1	11396.953
北京市	110000			航空煤油	固定顶罐	10000＜V≤20000	22.5＜T≤27.5	VOCs	2.742E-1	12610.652
北京市	110000			航空煤油	固定顶罐	10000＜V≤20000	27.5＜T≤32.5	VOCs	3.103E-1	13913.688
北京市	110000			航空煤油	固定顶罐	10000＜V≤20000	32.5＜T≤37.5	VOCs	3.504E-1	15310.57
北京市	110000			航空煤油	固定顶罐	10000＜V≤20000	T＞37.5	VOCs	3.947E-1	16806.726
北京市	110000			航空煤油	固定顶罐	10000＜V≤20000	常温	VOCs	2.078E-1	10085.219
北京市	110000			航空煤油	固定顶罐	20000＜V≤30000	T≤2.5	VOCs	1.42E-1	8849.418
北京市	110000			航空煤油	固定顶罐	20000＜V≤30000	2.5＜T≤7.5	VOCs	1.628E-1	9888.807
北京市	110000			航空煤油	固定顶罐	20000＜V≤30000	7.5＜T≤12.5	VOCs	1.862E-1	11010.436
北京市	110000			航空煤油	固定顶罐	20000＜V≤30000	12.5＜T≤17.5	VOCs	2.124E-1	12216.738
北京市	110000			航空煤油	固定顶罐	20000＜V≤30000	17.5＜T≤22.5	VOCs	2.416E-1	13510.328
北京市	110000			航空煤油	固定顶罐	20000＜V≤30000	22.5＜T≤27.5	VOCs	2.742E-1	14894.202
北京市	110000			航空煤油	固定顶罐	20000＜V≤30000	27.5＜T≤32.5	VOCs	3.103E-1	16371.981
北京市	110000			航空煤油	固定顶罐	20000＜V≤30000	32.5＜T≤37.5	VOCs	3.504E-1	17948.177
北京市	110000			航空煤油	固定顶罐	20000＜V≤30000	T＞37.5	VOCs	3.947E-1	19628.486
北京市	110000			航空煤油	固定顶罐	20000＜V≤30000	常温	VOCs	2.078E-1	12005.584
北京市	110000			其他（煤焦油）	固定顶罐	V≤100	T≤22.5	VOCs	3.396E-3	0.578
北京市	110000			其他（煤焦油）	固定顶罐	V≤100	22.5＜T≤27.5	VOCs	4.096E-3	0.686
北京市	110000			其他（煤焦油）	固定顶罐	V≤100	27.5＜T≤32.5	VOCs	4.924E-3	0.812
北京市	110000			其他（煤焦油）	固定顶罐	V≤100	32.5＜T≤37.5	VOCs	5.897E-3	0.957

省份	省份代码	地级市	地级市代码	物料名称	储罐类型	储罐容积 V/米^3	储存温度 T/摄氏度	污染物指标	工作损失排放系数/[千克/吨（周转量）]	静置损失排放系数/（千克/年）
北京市	110000			其他（煤焦油）	固定顶罐	$V{\leq}100$	$37.5{<}T{\leq}42.5$	VOCs	7.039E-3	1.126
北京市	110000			其他（煤焦油）	固定顶罐	$V{\leq}100$	$42.5{<}T{\leq}47.5$	VOCs	8.374E-3	1.32
北京市	110000			其他（煤焦油）	固定顶罐	$V{\leq}100$	$47.5{<}T{\leq}52.5$	VOCs	9.93E-3	1.544
北京市	110000			其他（煤焦油）	固定顶罐	$V{\leq}100$	$52.5{<}T{\leq}57.5$	VOCs	1.174E-2	1.8
北京市	110000			其他（煤焦油）	固定顶罐	$V{\leq}100$	$T{>}57.5$	VOCs	1.383E-2	2.094
北京市	110000			其他（煤焦油）	固定顶罐	$V{\leq}100$	常温	VOCs	2.714E-3	0.47
北京市	110000			其他（煤焦油）	固定顶罐	$100{<}V{\leq}200$	$T{\leq}22.5$	VOCs	3.396E-3	1.154
北京市	110000			其他（煤焦油）	固定顶罐	$100{<}V{\leq}200$	$22.5{<}T{\leq}27.5$	VOCs	4.096E-3	1.37
北京市	110000			其他（煤焦油）	固定顶罐	$100{<}V{\leq}200$	$27.5{<}T{\leq}32.5$	VOCs	4.924E-3	1.621
北京市	110000			其他（煤焦油）	固定顶罐	$100{<}V{\leq}200$	$32.5{<}T{\leq}37.5$	VOCs	5.897E-3	1.912
北京市	110000			其他（煤焦油）	固定顶罐	$100{<}V{\leq}200$	$37.5{<}T{\leq}42.5$	VOCs	7.039E-3	2.248
北京市	110000			其他（煤焦油）	固定顶罐	$100{<}V{\leq}200$	$42.5{<}T{\leq}47.5$	VOCs	8.374E-3	2.636
北京市	110000			其他（煤焦油）	固定顶罐	$100{<}V{\leq}200$	$47.5{<}T{\leq}52.5$	VOCs	9.93E-3	3.082
北京市	110000			其他（煤焦油）	固定顶罐	$100{<}V{\leq}200$	$52.5{<}T{\leq}57.5$	VOCs	1.174E-2	3.593
北京市	110000			其他（煤焦油）	固定顶罐	$100{<}V{\leq}200$	$T{>}57.5$	VOCs	1.383E-2	4.178
北京市	110000			其他（煤焦油）	固定顶罐	$100{<}V{\leq}200$	常温	VOCs	2.714E-3	0.94
北京市	110000			其他（煤焦油）	固定顶罐	$200{<}V{\leq}300$	$T{\leq}22.5$	VOCs	3.396E-3	1.732
北京市	110000			其他（煤焦油）	固定顶罐	$200{<}V{\leq}300$	$22.5{<}T{\leq}27.5$	VOCs	4.096E-3	2.056
北京市	110000			其他（煤焦油）	固定顶罐	$200{<}V{\leq}300$	$27.5{<}T{\leq}32.5$	VOCs	4.924E-3	2.433

省份	省份代码	地级市	地级市代码	物料名称	储罐类型	储罐容积 V/米³	储存温度 T/摄氏度	污染物指标	工作损失排放系数/[千克/吨（周转量）]	静置损失排放系数/（千克/年）
北京市	110000			其他（煤焦油）	固定顶罐	200＜V≤300	32.5＜T≤37.5	VOCs	5.897E-3	2.869
北京市	110000			其他（煤焦油）	固定顶罐	200＜V≤300	37.5＜T≤42.5	VOCs	7.039E-3	3.373
北京市	110000			其他（煤焦油）	固定顶罐	200＜V≤300	42.5＜T≤47.5	VOCs	8.374E-3	3.954
北京市	110000			其他（煤焦油）	固定顶罐	200＜V≤300	47.5＜T≤52.5	VOCs	9.93E-3	4.622
北京市	110000			其他（煤焦油）	固定顶罐	200＜V≤300	52.5＜T≤57.5	VOCs	1.174E-2	5.388
北京市	110000			其他（煤焦油）	固定顶罐	200＜V≤300	T＞57.5	VOCs	1.383E-2	6.265
北京市	110000			其他（煤焦油）	固定顶罐	200＜V≤300	常温	VOCs	2.714E-3	1.41
北京市	110000			其他（煤焦油）	固定顶罐	300＜V≤400	T≤22.5	VOCs	3.396E-3	2.304
北京市	110000			其他（煤焦油）	固定顶罐	300＜V≤400	22.5＜T≤27.5	VOCs	4.096E-3	2.736
北京市	110000			其他（煤焦油）	固定顶罐	300＜V≤400	27.5＜T≤32.5	VOCs	4.924E-3	3.237
北京市	110000			其他（煤焦油）	固定顶罐	300＜V≤400	32.5＜T≤37.5	VOCs	5.897E-3	3.817
北京市	110000			其他（煤焦油）	固定顶罐	300＜V≤400	37.5＜T≤42.5	VOCs	7.039E-3	4.488
北京市	110000			其他（煤焦油）	固定顶罐	300＜V≤400	42.5＜T≤47.5	VOCs	8.374E-3	5.26
北京市	110000			其他（煤焦油）	固定顶罐	300＜V≤400	47.5＜T≤52.5	VOCs	9.93E-3	6.148
北京市	110000			其他（煤焦油）	固定顶罐	300＜V≤400	52.5＜T≤57.5	VOCs	1.174E-2	7.166
北京市	110000			其他（煤焦油）	固定顶罐	300＜V≤400	T＞57.5	VOCs	1.383E-2	8.33
北京市	110000			其他（煤焦油）	固定顶罐	300＜V≤400	常温	VOCs	2.714E-3	1.877
北京市	110000			其他（煤焦油）	固定顶罐	400＜V≤500	T≤22.5	VOCs	3.396E-3	2.912

省份	省份代码	地级市	地级市代码	物料名称	储罐类型	储罐容积 V/米³	储存温度 T/摄氏度	污染物指标	工作损失排放系数/[千克/吨（周转量）]	静置损失排放系数/（千克/年）
北京市	110000			其他（煤焦油）	固定顶罐	400＜V≤500	22.5＜T≤27.5	VOCs	4.096E-3	3.457
北京市	110000			其他（煤焦油）	固定顶罐	400＜V≤500	27.5＜T≤32.5	VOCs	4.924E-3	4.09
北京市	110000			其他（煤焦油）	固定顶罐	400＜V≤500	32.5＜T≤37.5	VOCs	5.897E-3	4.823
北京市	110000			其他（煤焦油）	固定顶罐	400＜V≤500	37.5＜T≤42.5	VOCs	7.039E-3	5.67
北京市	110000			其他（煤焦油）	固定顶罐	400＜V≤500	42.5＜T≤47.5	VOCs	8.374E-3	6.645
北京市	110000			其他（煤焦油）	固定顶罐	400＜V≤500	47.5＜T≤52.5	VOCs	9.93E-3	7.766
北京市	110000			其他（煤焦油）	固定顶罐	400＜V≤500	52.5＜T≤57.5	VOCs	1.174E-2	9.05
北京市	110000			其他（煤焦油）	固定顶罐	400＜V≤500	T＞57.5	VOCs	1.383E-2	10.52
北京市	110000			其他（煤焦油）	固定顶罐	400＜V≤500	常温	VOCs	2.714E-3	2.372
北京市	110000			其他（煤焦油）	固定顶罐	500＜V≤600	T≤22.5	VOCs	3.396E-3	3.47
北京市	110000			其他（煤焦油）	固定顶罐	500＜V≤600	22.5＜T≤27.5	VOCs	4.096E-3	4.12
北京市	110000			其他（煤焦油）	固定顶罐	500＜V≤600	27.5＜T≤32.5	VOCs	4.924E-3	4.874
北京市	110000			其他（煤焦油）	固定顶罐	500＜V≤600	32.5＜T≤37.5	VOCs	5.897E-3	5.747
北京市	110000			其他（煤焦油）	固定顶罐	500＜V≤600	37.5＜T≤42.5	VOCs	7.039E-3	6.756
北京市	110000			其他（煤焦油）	固定顶罐	500＜V≤600	42.5＜T≤47.5	VOCs	8.374E-3	7.918
北京市	110000			其他（煤焦油）	固定顶罐	500＜V≤600	47.5＜T≤52.5	VOCs	9.93E-3	9.252
北京市	110000			其他（煤焦油）	固定顶罐	500＜V≤600	52.5＜T≤57.5	VOCs	1.174E-2	10.782
北京市	110000			其他（煤焦油）	固定顶罐	500＜V≤600	T＞57.5	VOCs	1.383E-2	12.531

省份	省份代码	地级市	地级市代码	物料名称	储罐类型	储罐容积 V/米^3	储存温度 T/摄氏度	污染物指标	工作损失排放系数/[千克/吨（周转量）]	静置损失排放系数/（千克/年）
北京市	110000			其他（煤焦油）	固定顶罐	500<V≤600	常温	VOCs	2.714E-3	2.827
北京市	110000			其他（煤焦油）	固定顶罐	600<V≤700	T≤22.5	VOCs	3.396E-3	4.126
北京市	110000			其他（煤焦油）	固定顶罐	600<V≤700	22.5<T≤27.5	VOCs	4.096E-3	4.898
北京市	110000			其他（煤焦油）	固定顶罐	600<V≤700	27.5<T≤32.5	VOCs	4.924E-3	5.795
北京市	110000			其他（煤焦油）	固定顶罐	600<V≤700	32.5<T≤37.5	VOCs	5.897E-3	6.833
北京市	110000			其他（煤焦油）	固定顶罐	600<V≤700	37.5<T≤42.5	VOCs	7.039E-3	8.032
北京市	110000			其他（煤焦油）	固定顶罐	600<V≤700	42.5<T≤47.5	VOCs	8.374E-3	9.413
北京市	110000			其他（煤焦油）	固定顶罐	600<V≤700	47.5<T≤52.5	VOCs	9.93E-3	10.999
北京市	110000			其他（煤焦油）	固定顶罐	600<V≤700	52.5<T≤57.5	VOCs	1.174E-2	12.816
北京市	110000			其他（煤焦油）	固定顶罐	600<V≤700	T>57.5	VOCs	1.383E-2	14.894
北京市	110000			其他（煤焦油）	固定顶罐	600<V≤700	常温	VOCs	2.714E-3	3.361
北京市	110000			其他（煤焦油）	固定顶罐	700<V≤800	T≤22.5	VOCs	3.396E-3	4.644
北京市	110000			其他（煤焦油）	固定顶罐	700<V≤800	22.5<T≤27.5	VOCs	4.096E-3	5.513
北京市	110000			其他（煤焦油）	固定顶罐	700<V≤800	27.5<T≤32.5	VOCs	4.924E-3	6.521
北京市	110000			其他（煤焦油）	固定顶罐	700<V≤800	32.5<T≤37.5	VOCs	5.897E-3	7.689
北京市	110000			其他（煤焦油）	固定顶罐	700<V≤800	37.5<T≤42.5	VOCs	7.039E-3	9.038
北京市	110000			其他（煤焦油）	固定顶罐	700<V≤800	42.5<T≤47.5	VOCs	8.374E-3	10.591
北京市	110000			其他（煤焦油）	固定顶罐	700<V≤800	47.5<T≤52.5	VOCs	9.93E-3	12.374

省份	省份代码	地级市	地级市代码	物料名称	储罐类型	储罐容积 V/米 ^{3}	储存温度 T/摄氏度	污染物指标	工作损失排放系数/[千克/吨（周转量）]	静置损失排放系数/（千克/年）
北京市	110000			其他（煤焦油）	固定顶罐	$700<V\leq800$	$52.5<T\leq57.5$	VOCs	1.174E-2	14.417
北京市	110000			其他（煤焦油）	固定顶罐	$700<V\leq800$	$T>57.5$	VOCs	1.383E-2	16.753
北京市	110000			其他（煤焦油）	固定顶罐	$700<V\leq800$	常温	VOCs	2.714E-3	3.783
北京市	110000			其他（煤焦油）	固定顶罐	$800<V\leq1000$	$T\leq22.5$	VOCs	3.396E-3	5.92
北京市	110000			其他（煤焦油）	固定顶罐	$800<V\leq1000$	$22.5<T\leq27.5$	VOCs	4.096E-3	7.027
北京市	110000			其他（煤焦油）	固定顶罐	$800<V\leq1000$	$27.5<T\leq32.5$	VOCs	4.924E-3	8.313
北京市	110000			其他（煤焦油）	固定顶罐	$800<V\leq1000$	$32.5<T\leq37.5$	VOCs	5.897E-3	9.801
北京市	110000			其他（煤焦油）	固定顶罐	$800<V\leq1000$	$37.5<T\leq42.5$	VOCs	7.039E-3	11.519
北京市	110000			其他（煤焦油）	固定顶罐	$800<V\leq1000$	$42.5<T\leq47.5$	VOCs	8.374E-3	13.497
北京市	110000			其他（煤焦油）	固定顶罐	$800<V\leq1000$	$47.5<T\leq52.5$	VOCs	9.93E-3	15.768
北京市	110000			其他（煤焦油）	固定顶罐	$800<V\leq1000$	$52.5<T\leq57.5$	VOCs	1.174E-2	18.37
北京市	110000			其他（煤焦油）	固定顶罐	$800<V\leq1000$	$T>57.5$	VOCs	1.383E-2	21.343
北京市	110000			其他（煤焦油）	固定顶罐	$800<V\leq1000$	常温	VOCs	2.714E-3	4.823
北京市	110000			其他（煤焦油）	固定顶罐	$1000<V\leq1500$	$T\leq22.5$	VOCs	3.396E-3	9.06
北京市	110000			其他（煤焦油）	固定顶罐	$1000<V\leq1500$	$22.5<T\leq27.5$	VOCs	4.096E-3	10.753
北京市	110000			其他（煤焦油）	固定顶罐	$1000<V\leq1500$	$27.5<T\leq32.5$	VOCs	4.924E-3	12.719
北京市	110000			其他（煤焦油）	固定顶罐	$1000<V\leq1500$	$32.5<T\leq37.5$	VOCs	5.897E-3	14.995
北京市	110000			其他（煤焦油）	固定顶罐	$1000<V\leq1500$	$37.5<T\leq42.5$	VOCs	7.039E-3	17.621

省份	省份代码	地级市	地级市代码	物料名称	储罐类型	储罐容积 V/米³	储存温度 T/摄氏度	污染物指标	工作损失排放系数/[千克/吨（周转量）]	静置损失排放系数/（千克/年）
北京市	110000			其他（煤焦油）	固定顶罐	$1000<V\leq1500$	$42.5<T\leq47.5$	VOCs	8.374E-3	20.644
北京市	110000			其他（煤焦油）	固定顶罐	$1000<V\leq1500$	$47.5<T\leq52.5$	VOCs	9.93E-3	24.113
北京市	110000			其他（煤焦油）	固定顶罐	$1000<V\leq1500$	$52.5<T\leq57.5$	VOCs	1.174E-2	28.086
北京市	110000			其他（煤焦油）	固定顶罐	$1000<V\leq1500$	$T>57.5$	VOCs	1.383E-2	32.623
北京市	110000			其他（煤焦油）	固定顶罐	$1000<V\leq1500$	常温	VOCs	2.714E-3	7.381
北京市	110000			其他（煤焦油）	固定顶罐	$1500<V\leq2000$	$T\leq22.5$	VOCs	3.396E-3	13.016
北京市	110000			其他（煤焦油）	固定顶罐	$1500<V\leq2000$	$22.5<T\leq27.5$	VOCs	4.096E-3	15.447
北京市	110000			其他（煤焦油）	固定顶罐	$1500<V\leq2000$	$27.5<T\leq32.5$	VOCs	4.924E-3	18.271
北京市	110000			其他（煤焦油）	固定顶罐	$1500<V\leq2000$	$32.5<T\leq37.5$	VOCs	5.897E-3	21.538
北京市	110000			其他（煤焦油）	固定顶罐	$1500<V\leq2000$	$37.5<T\leq42.5$	VOCs	7.039E-3	25.309
北京市	110000			其他（煤焦油）	固定顶罐	$1500<V\leq2000$	$42.5<T\leq47.5$	VOCs	8.374E-3	29.648
北京市	110000			其他（煤焦油）	固定顶罐	$1500<V\leq2000$	$47.5<T\leq52.5$	VOCs	9.93E-3	34.627
北京市	110000			其他（煤焦油）	固定顶罐	$1500<V\leq2000$	$52.5<T\leq57.5$	VOCs	1.174E-2	40.327
北京市	110000			其他（煤焦油）	固定顶罐	$1500<V\leq2000$	$T>57.5$	VOCs	1.383E-2	46.837
北京市	110000			其他（煤焦油）	固定顶罐	$1500<V\leq2000$	常温	VOCs	2.714E-3	10.604
北京市	110000			其他（煤焦油）	固定顶罐	$2000<V\leq3000$	$T\leq22.5$	VOCs	3.396E-3	20.489
北京市	110000			其他（煤焦油）	固定顶罐	$2000<V\leq3000$	$22.5<T\leq27.5$	VOCs	4.096E-3	24.315
北京市	110000			其他（煤焦油）	固定顶罐	$2000<V\leq3000$	$27.5<T\leq32.5$	VOCs	4.924E-3	28.756

省份	省份代码	地级市	地级市代码	物料名称	储罐类型	储罐容积 V/米^3	储存温度 T/摄氏度	污染物指标	工作损失排放系数/[千克/吨（周转量）]	静置损失排放系数/（千克/年）
北京市	110000			其他（煤焦油）	固定顶罐	$2000 < V \leqslant 3000$	$32.5 < T \leqslant 37.5$	VOCs	5.897E-3	33.894
北京市	110000			其他（煤焦油）	固定顶罐	$2000 < V \leqslant 3000$	$37.5 < T \leqslant 42.5$	VOCs	7.039E-3	39.823
北京市	110000			其他（煤焦油）	固定顶罐	$2000 < V \leqslant 3000$	$42.5 < T \leqslant 47.5$	VOCs	8.374E-3	46.643
北京市	110000			其他（煤焦油）	固定顶罐	$2000 < V \leqslant 3000$	$47.5 < T \leqslant 52.5$	VOCs	9.93E-3	54.467
北京市	110000			其他（煤焦油）	固定顶罐	$2000 < V \leqslant 3000$	$52.5 < T \leqslant 57.5$	VOCs	1.174E-2	63.419
北京市	110000			其他（煤焦油）	固定顶罐	$2000 < V \leqslant 3000$	$T > 57.5$	VOCs	1.383E-2	73.637
北京市	110000			其他（煤焦油）	固定顶罐	$2000 < V \leqslant 3000$	常温	VOCs	2.714E-3	16.694
北京市	110000			其他（煤焦油）	固定顶罐	$3000 < V \leqslant 5000$	$T \leqslant 22.5$	VOCs	3.396E-3	36.877
北京市	110000			其他（煤焦油）	固定顶罐	$3000 < V \leqslant 5000$	$22.5 < T \leqslant 27.5$	VOCs	4.096E-3	43.757
北京市	110000			其他（煤焦油）	固定顶罐	$3000 < V \leqslant 5000$	$27.5 < T \leqslant 32.5$	VOCs	4.924E-3	51.741
北京市	110000			其他（煤焦油）	固定顶罐	$3000 < V \leqslant 5000$	$32.5 < T \leqslant 37.5$	VOCs	5.897E-3	60.976
北京市	110000			其他（煤焦油）	固定顶罐	$3000 < V \leqslant 5000$	$37.5 < T \leqslant 42.5$	VOCs	7.039E-3	71.625
北京市	110000			其他（煤焦油）	固定顶罐	$3000 < V \leqslant 5000$	$42.5 < T \leqslant 47.5$	VOCs	8.374E-3	83.869
北京市	110000			其他（煤焦油）	固定顶罐	$3000 < V \leqslant 5000$	$47.5 < T \leqslant 52.5$	VOCs	9.93E-3	97.908
北京市	110000			其他（煤焦油）	固定顶罐	$3000 < V \leqslant 5000$	$52.5 < T \leqslant 57.5$	VOCs	1.174E-2	113.961
北京市	110000			其他（煤焦油）	固定顶罐	$3000 < V \leqslant 5000$	$T > 57.5$	VOCs	1.383E-2	132.268
北京市	110000			其他（煤焦油）	固定顶罐	$3000 < V \leqslant 5000$	常温	VOCs	2.714E-3	30.05
北京市	110000			其他（煤焦油）	固定顶罐	$5000 < V \leqslant 10000$	$T \leqslant 22.5$	VOCs	3.396E-3	77.555

省份	省份代码	地级市	地级市代码	物料名称	储罐类型	储罐容积 V/米³	储存温度 T/摄氏度	污染物指标	工作损失排放系数/[千克/吨（周转量）]	静置损失排放系数/（千克/年）
北京市	110000			其他（煤焦油）	固定顶罐	5000<V≤10000	22.5<T≤27.5	VOCs	4.096E-3	92.003
北京市	110000			其他（煤焦油）	固定顶罐	5000<V≤10000	27.5<T≤32.5	VOCs	4.924E-3	108.759
北京市	110000			其他（煤焦油）	固定顶罐	5000<V≤10000	32.5<T≤37.5	VOCs	5.897E-3	128.127
北京市	110000			其他（煤焦油）	固定顶罐	5000<V≤10000	37.5<T≤42.5	VOCs	7.039E-3	150.444
北京市	110000			其他（煤焦油）	固定顶罐	5000<V≤10000	42.5<T≤47.5	VOCs	8.374E-3	176.08
北京市	110000			其他（煤焦油）	固定顶罐	5000<V≤10000	47.5<T≤52.5	VOCs	9.93E-3	205.441
北京市	110000			其他（煤焦油）	固定顶罐	5000<V≤10000	52.5<T≤57.5	VOCs	1.174E-2	238.97
北京市	110000			其他（煤焦油）	固定顶罐	5000<V≤10000	T>57.5	VOCs	1.383E-2	277.153
北京市	110000			其他（煤焦油）	固定顶罐	5000<V≤10000	常温	VOCs	2.714E-3	63.212
北京市	110000			其他（煤焦油）	固定顶罐	10000<V≤20000	T≤22.5	VOCs	3.396E-3	178.968
北京市	110000			其他（煤焦油）	固定顶罐	10000<V≤20000	22.5<T≤27.5	VOCs	4.096E-3	212.239
北京市	110000			其他（煤焦油）	固定顶罐	10000<V≤20000	27.5<T≤32.5	VOCs	4.924E-3	250.793
北京市	110000			其他（煤焦油）	固定顶罐	10000<V≤20000	32.5<T≤37.5	VOCs	5.897E-3	295.317
北京市	110000			其他（煤焦油）	固定顶罐	10000<V≤20000	37.5<T≤42.5	VOCs	7.039E-3	346.565
北京市	110000			其他（煤焦油）	固定顶罐	10000<V≤20000	42.5<T≤47.5	VOCs	8.374E-3	405.36
北京市	110000			其他（煤焦油）	固定顶罐	10000<V≤20000	47.5<T≤52.5	VOCs	9.93E-3	472.597
北京市	110000			其他（煤焦油）	固定顶罐	10000<V≤20000	52.5<T≤57.5	VOCs	1.174E-2	549.247
北京市	110000			其他（煤焦油）	固定顶罐	10000<V≤20000	T>57.5	VOCs	1.383E-2	636.358

省份	省份代码	地级市	地级市代码	物料名称	储罐类型	储罐容积 V/米³	储存温度 T/摄氏度	污染物指标	工作损失排放系数/[千克/吨（周转量）]	静置损失排放系数/（千克/年）
北京市	110000			其他（煤焦油）	固定顶罐	10000<V≤20000	常温	VOCs	2.714E-3	145.915
北京市	110000			其他（煤焦油）	固定顶罐	20000<V≤30000	T≤22.5	VOCs	3.396E-3	220.706
北京市	110000			其他（煤焦油）	固定顶罐	20000<V≤30000	22.5<T≤27.5	VOCs	4.096E-3	261.684
北京市	110000			其他（煤焦油）	固定顶罐	20000<V≤30000	27.5<T≤32.5	VOCs	4.924E-3	309.147
北京市	110000			其他（煤焦油）	固定顶罐	20000<V≤30000	32.5<T≤37.5	VOCs	5.897E-3	363.929
北京市	110000			其他（煤焦油）	固定顶罐	20000<V≤30000	37.5<T≤42.5	VOCs	7.039E-3	426.942
北京市	110000			其他（煤焦油）	固定顶罐	20000<V≤30000	42.5<T≤47.5	VOCs	8.374E-3	499.179
北京市	110000			其他（煤焦油）	固定顶罐	20000<V≤30000	47.5<T≤52.5	VOCs	9.93E-3	581.713
北京市	110000			其他（煤焦油）	固定顶罐	20000<V≤30000	52.5<T≤57.5	VOCs	1.174E-2	675.705
北京市	110000			其他（煤焦油）	固定顶罐	20000<V≤30000	T>57.5	VOCs	1.383E-2	782.395
北京市	110000			其他（煤焦油）	固定顶罐	20000<V≤30000	常温	VOCs	2.714E-3	179.98
北京市	110000			重石脑油	固定顶罐	V≤100	T≤2.5	VOCs	2.038E-1	56.962
北京市	110000			重石脑油	固定顶罐	V≤100	2.5<T≤7.5	VOCs	2.301E-1	65.159
北京市	110000			重石脑油	固定顶罐	V≤100	7.5<T≤12.5	VOCs	2.593E-1	74.44
北京市	110000			重石脑油	固定顶罐	V≤100	12.5<T≤17.5	VOCs	2.914E-1	84.941
北京市	110000			重石脑油	固定顶罐	V≤100	17.5<T≤22.5	VOCs	3.267E-1	96.809
北京市	110000			重石脑油	固定顶罐	V≤100	22.5<T≤27.5	VOCs	3.655E-1	110.213
北京市	110000			重石脑油	固定顶罐	V≤100	27.5<T≤32.5	VOCs	4.08E-1	125.344
北京市	110000			重石脑油	固定顶罐	V≤100	32.5<T≤37.5	VOCs	4.544E-1	142.423
北京市	110000			重石脑油	固定顶罐	V≤100	T>37.5	VOCs	5.05E-1	161.704
北京市	110000			重石脑油	固定顶罐	V≤100	常温	VOCs	2.857E-1	83.064
北京市	110000			重石脑油	固定顶罐	100<V≤200	T≤2.5	VOCs	2.038E-1	109.95
北京市	110000			重石脑油	固定顶罐	100<V≤200	2.5<T≤7.5	VOCs	2.301E-1	125.259
北京市	110000			重石脑油	固定顶罐	100<V≤200	7.5<T≤12.5	VOCs	2.593E-1	142.48

省份	省份代码	地级市	地级市代码	物料名称	储罐类型	储罐容积 V/米^3	储存温度 T/摄氏度	污染物指标	工作损失排放系数/[千克/吨（周转量）]	静置损失排放系数/（千克/年）
北京市	110000			重石脑油	固定顶罐	$100<V\leq200$	$12.5<T\leq17.5$	VOCs	2.914E-1	161.827
北京市	110000			重石脑油	固定顶罐	$100<V\leq200$	$17.5<T\leq22.5$	VOCs	3.267E-1	183.54
北京市	110000			重石脑油	固定顶罐	$100<V\leq200$	$22.5<T\leq27.5$	VOCs	3.655E-1	207.886
北京市	110000			重石脑油	固定顶罐	$100<V\leq200$	$27.5<T\leq32.5$	VOCs	4.08E-1	235.169
北京市	110000			重石脑油	固定顶罐	$100<V\leq200$	$32.5<T\leq37.5$	VOCs	4.544E-1	265.74
北京市	110000			重石脑油	固定顶罐	$100<V\leq200$	$T>37.5$	VOCs	5.05E-1	300.007
北京市	110000			重石脑油	固定顶罐	$100<V\leq200$	常温	VOCs	2.857E-1	158.378
北京市	110000			重石脑油	固定顶罐	$200<V\leq300$	$T\leq2.5$	VOCs	2.038E-1	161.186
北京市	110000			重石脑油	固定顶罐	$200<V\leq300$	$2.5<T\leq7.5$	VOCs	2.301E-1	183.135
北京市	110000			重石脑油	固定顶罐	$200<V\leq300$	$7.5<T\leq12.5$	VOCs	2.593E-1	207.719
北京市	110000			重石脑油	固定顶罐	$200<V\leq300$	$12.5<T\leq17.5$	VOCs	2.914E-1	235.215
北京市	110000			重石脑油	固定顶罐	$200<V\leq300$	$17.5<T\leq22.5$	VOCs	3.267E-1	265.933
北京市	110000			重石脑油	固定顶罐	$200<V\leq300$	$22.5<T\leq27.5$	VOCs	3.655E-1	300.22
北京市	110000			重石脑油	固定顶罐	$200<V\leq300$	$27.5<T\leq32.5$	VOCs	4.08E-1	338.471
北京市	110000			重石脑油	固定顶罐	$200<V\leq300$	$32.5<T\leq37.5$	VOCs	4.544E-1	381.141
北京市	110000			重石脑油	固定顶罐	$200<V\leq300$	$T>37.5$	VOCs	5.05E-1	428.764
北京市	110000			重石脑油	固定顶罐	$200<V\leq300$	常温	VOCs	2.857E-1	230.322
北京市	110000			重石脑油	固定顶罐	$300<V\leq400$	$T\leq2.5$	VOCs	2.038E-1	210.632
北京市	110000			重石脑油	固定顶罐	$300<V\leq400$	$2.5<T\leq7.5$	VOCs	2.301E-1	238.827
北京市	110000			重石脑油	固定顶罐	$300<V\leq400$	$7.5<T\leq12.5$	VOCs	2.593E-1	270.305
北京市	110000			重石脑油	固定顶罐	$300<V\leq400$	$12.5<T\leq17.5$	VOCs	2.914E-1	305.397
北京市	110000			重石脑油	固定顶罐	$300<V\leq400$	$17.5<T\leq22.5$	VOCs	3.267E-1	344.47
北京市	110000			重石脑油	固定顶罐	$300<V\leq400$	$22.5<T\leq27.5$	VOCs	3.655E-1	387.94
北京市	110000			重石脑油	固定顶罐	$300<V\leq400$	$27.5<T\leq32.5$	VOCs	4.08E-1	436.278
北京市	110000			重石脑油	固定顶罐	$300<V\leq400$	$32.5<T\leq37.5$	VOCs	4.544E-1	490.031
北京市	110000			重石脑油	固定顶罐	$300<V\leq400$	$T>37.5$	VOCs	5.05E-1	549.84
北京市	110000			重石脑油	固定顶罐	$300<V\leq400$	常温	VOCs	2.857E-1	299.161
北京市	110000			重石脑油	固定顶罐	$400<V\leq500$	$T\leq2.5$	VOCs	2.038E-1	261.968
北京市	110000			重石脑油	固定顶罐	$400<V\leq500$	$2.5<T\leq7.5$	VOCs	2.301E-1	296.515
北京市	110000			重石脑油	固定顶罐	$400<V\leq500$	$7.5<T\leq12.5$	VOCs	2.593E-1	334.978
北京市	110000			重石脑油	固定顶罐	$400<V\leq500$	$12.5<T\leq17.5$	VOCs	2.914E-1	377.737
北京市	110000			重石脑油	固定顶罐	$400<V\leq500$	$17.5<T\leq22.5$	VOCs	3.267E-1	425.216
北京市	110000			重石脑油	固定顶罐	$400<V\leq500$	$22.5<T\leq27.5$	VOCs	3.655E-1	477.891
北京市	110000			重石脑油	固定顶罐	$400<V\leq500$	$27.5<T\leq32.5$	VOCs	4.08E-1	536.308

省份	省份代码	地级市	地级市代码	物料名称	储罐类型	储罐容积 V/米^3	储存温度 T/摄氏度	污染物指标	工作损失排放系数/[千克/吨（周转量）]	静置损失排放系数/（千克/年）
北京市	110000			重石脑油	固定顶罐	$400<V≤500$	$32.5<T≤37.5$	VOCs	4.544E-1	601.1
北京市	110000			重石脑油	固定顶罐	$400<V≤500$	$T>37.5$	VOCs	5.05E-1	673.015
北京市	110000			重石脑油	固定顶罐	$400<V≤500$	常温	VOCs	2.857E-1	370.148
北京市	110000			重石脑油	固定顶罐	$500<V≤600$	$T≤2.5$	VOCs	2.038E-1	308.892
北京市	110000			重石脑油	固定顶罐	$500<V≤600$	$2.5<T≤7.5$	VOCs	2.301E-1	349.225
北京市	110000			重石脑油	固定顶罐	$500<V≤600$	$7.5<T≤12.5$	VOCs	2.593E-1	394.048
北京市	110000			重石脑油	固定顶罐	$500<V≤600$	$12.5<T≤17.5$	VOCs	2.914E-1	443.788
北京市	110000			重石脑油	固定顶罐	$500<V≤600$	$17.5<T≤22.5$	VOCs	3.267E-1	498.92
北京市	110000			重石脑油	固定顶罐	$500<V≤600$	$22.5<T≤27.5$	VOCs	3.655E-1	559.977
北京市	110000			重石脑油	固定顶罐	$500<V≤600$	$27.5<T≤32.5$	VOCs	4.08E-1	627.574
北京市	110000			重石脑油	固定顶罐	$500<V≤600$	$32.5<T≤37.5$	VOCs	4.544E-1	702.424
北京市	110000			重石脑油	固定顶罐	$500<V≤600$	$T>37.5$	VOCs	5.05E-1	785.373
北京市	110000			重石脑油	固定顶罐	$500<V≤600$	常温	VOCs	2.857E-1	434.966
北京市	110000			重石脑油	固定顶罐	$600<V≤700$	$T≤2.5$	VOCs	2.038E-1	364.758
北京市	110000			重石脑油	固定顶罐	$600<V≤700$	$2.5<T≤7.5$	VOCs	2.301E-1	412.081
北京市	110000			重石脑油	固定顶罐	$600<V≤700$	$7.5<T≤12.5$	VOCs	2.593E-1	464.614
北京市	110000			重石脑油	固定顶罐	$600<V≤700$	$12.5<T≤17.5$	VOCs	2.914E-1	522.843
北京市	110000			重石脑油	固定顶罐	$600<V≤700$	$17.5<T≤22.5$	VOCs	3.267E-1	587.309
北京市	110000			重石脑油	固定顶罐	$600<V≤700$	$22.5<T≤27.5$	VOCs	3.655E-1	658.625
北京市	110000			重石脑油	固定顶罐	$600<V≤700$	$27.5<T≤32.5$	VOCs	4.08E-1	737.495
北京市	110000			重石脑油	固定顶罐	$600<V≤700$	$32.5<T≤37.5$	VOCs	4.544E-1	824.738
北京市	110000			重石脑油	固定顶罐	$600<V≤700$	$T>37.5$	VOCs	5.05E-1	921.329
北京市	110000			重石脑油	固定顶罐	$600<V≤700$	常温	VOCs	2.857E-1	512.519
北京市	110000			重石脑油	固定顶罐	$700<V≤800$	$T≤2.5$	VOCs	2.038E-1	404.874
北京市	110000			重石脑油	固定顶罐	$700<V≤800$	$2.5<T≤7.5$	VOCs	2.301E-1	456.731
北京市	110000			重石脑油	固定顶罐	$700<V≤800$	$7.5<T≤12.5$	VOCs	2.593E-1	514.166
北京市	110000			重石脑油	固定顶罐	$700<V≤800$	$12.5<T≤17.5$	VOCs	2.914E-1	577.684
北京市	110000			重石脑油	固定顶罐	$700<V≤800$	$17.5<T≤22.5$	VOCs	3.267E-1	647.85
北京市	110000			重石脑油	固定顶罐	$700<V≤800$	$22.5<T≤27.5$	VOCs	3.655E-1	725.303
北京市	110000			重石脑油	固定顶罐	$700<V≤800$	$27.5<T≤32.5$	VOCs	4.08E-1	810.781
北京市	110000			重石脑油	固定顶罐	$700<V≤800$	$32.5<T≤37.5$	VOCs	4.544E-1	905.146
北京市	110000			重石脑油	固定顶罐	$700<V≤800$	$T>37.5$	VOCs	5.05E-1	1009.427
北京市	110000			重石脑油	固定顶罐	$700<V≤800$	常温	VOCs	2.857E-1	566.433
北京市	110000			重石脑油	固定顶罐	$800<V≤1000$	$T≤2.5$	VOCs	2.038E-1	508.63

省份	省份代码	地级市	地级市代码	物料名称	储罐类型	储罐容积 V/米^3	储存温度 T/摄氏度	污染物指标	工作损失排放系数/[千克/吨（周转量）]	静置损失排放系数/（千克/年）
北京市	110000			重石脑油	固定顶罐	$800 < V \leq 1000$	$2.5 < T \leq 7.5$	VOCs	2.301E-1	572.898
北京市	110000			重石脑油	固定顶罐	$800 < V \leq 1000$	$7.5 < T \leq 12.5$	VOCs	2.593E-1	643.913
北京市	110000			重石脑油	固定顶罐	$800 < V \leq 1000$	$12.5 < T \leq 17.5$	VOCs	2.914E-1	722.269
北京市	110000			重石脑油	固定顶罐	$800 < V \leq 1000$	$17.5 < T \leq 22.5$	VOCs	3.267E-1	808.628
北京市	110000			重石脑油	固定顶罐	$800 < V \leq 1000$	$22.5 < T \leq 27.5$	VOCs	3.655E-1	903.746
北京市	110000			重石脑油	固定顶罐	$800 < V \leq 1000$	$27.5 < T \leq 32.5$	VOCs	4.08E-1	1008.497
北京市	110000			重石脑油	固定顶罐	$800 < V \leq 1000$	$32.5 < T \leq 37.5$	VOCs	4.544E-1	1123.91
北京市	110000			重石脑油	固定顶罐	$800 < V \leq 1000$	$T > 37.5$	VOCs	5.05E-1	1251.217
北京市	110000			重石脑油	固定顶罐	$800 < V \leq 1000$	常温	VOCs	2.857E-1	708.403
北京市	110000			重石脑油	固定顶罐	$1000 < V \leq 1500$	$T \leq 2.5$	VOCs	2.038E-1	757.75
北京市	110000			重石脑油	固定顶罐	$1000 < V \leq 1500$	$2.5 < T \leq 7.5$	VOCs	2.301E-1	851.157
北京市	110000			重石脑油	固定顶罐	$1000 < V \leq 1500$	$7.5 < T \leq 12.5$	VOCs	2.593E-1	953.947
北京市	110000			重石脑油	固定顶罐	$1000 < V \leq 1500$	$12.5 < T \leq 17.5$	VOCs	2.914E-1	1066.902
北京市	110000			重石脑油	固定顶罐	$1000 < V \leq 1500$	$17.5 < T \leq 22.5$	VOCs	3.267E-1	1190.904
北京市	110000			重石脑油	固定顶罐	$1000 < V \leq 1500$	$22.5 < T \leq 27.5$	VOCs	3.655E-1	1326.964
北京市	110000			重石脑油	固定顶罐	$1000 < V \leq 1500$	$27.5 < T \leq 32.5$	VOCs	4.08E-1	1476.266
北京市	110000			重石脑油	固定顶罐	$1000 < V \leq 1500$	$32.5 < T \leq 37.5$	VOCs	4.544E-1	1640.214
北京市	110000			重石脑油	固定顶罐	$1000 < V \leq 1500$	$T > 37.5$	VOCs	5.05E-1	1820.501
北京市	110000			重石脑油	固定顶罐	$1000 < V \leq 1500$	常温	VOCs	2.857E-1	1046.946
北京市	110000			重石脑油	固定顶罐	$1500 < V \leq 2000$	$T \leq 2.5$	VOCs	2.038E-1	1073.851
北京市	110000			重石脑油	固定顶罐	$1500 < V \leq 2000$	$2.5 < T \leq 7.5$	VOCs	2.301E-1	1204.586
北京市	110000			重石脑油	固定顶罐	$1500 < V \leq 2000$	$7.5 < T \leq 12.5$	VOCs	2.593E-1	1348.164
北京市	110000			重石脑油	固定顶罐	$1500 < V \leq 2000$	$12.5 < T \leq 17.5$	VOCs	2.914E-1	1505.632
北京市	110000			重石脑油	固定顶罐	$1500 < V \leq 2000$	$17.5 < T \leq 22.5$	VOCs	3.267E-1	1678.171
北京市	110000			重石脑油	固定顶罐	$1500 < V \leq 2000$	$22.5 < T \leq 27.5$	VOCs	3.655E-1	1867.146
北京市	110000			重石脑油	固定顶罐	$1500 < V \leq 2000$	$27.5 < T \leq 32.5$	VOCs	4.08E-1	2074.162
北京市	110000			重石脑油	固定顶罐	$1500 < V \leq 2000$	$32.5 < T \leq 37.5$	VOCs	4.544E-1	2301.13
北京市	110000			重石脑油	固定顶罐	$1500 < V \leq 2000$	$T > 37.5$	VOCs	5.05E-1	2550.365
北京市	110000			重石脑油	固定顶罐	$1500 < V \leq 2000$	常温	VOCs	2.857E-1	1477.833
北京市	110000			重石脑油	固定顶罐	$2000 < V \leq 3000$	$T \leq 2.5$	VOCs	2.038E-1	1646.131
北京市	110000			重石脑油	固定顶罐	$2000 < V \leq 3000$	$2.5 < T \leq 7.5$	VOCs	2.301E-1	1841.756
北京市	110000			重石脑油	固定顶罐	$2000 < V \leq 3000$	$7.5 < T \leq 12.5$	VOCs	2.593E-1	2055.792
北京市	110000			重石脑油	固定顶罐	$2000 < V \leq 3000$	$12.5 < T \leq 17.5$	VOCs	2.914E-1	2289.674
北京市	110000			重石脑油	固定顶罐	$2000 < V \leq 3000$	$17.5 < T \leq 22.5$	VOCs	3.267E-1	2545.044

省份	省份代码	地级市	地级市代码	物料名称	储罐类型	储罐容积 V/米³	储存温度 T/摄氏度	污染物指标	工作损失排放系数/[千克/吨（周转量）]	静置损失排放系数/（千克/年）
北京市	110000			重石脑油	固定顶罐	2000<V≤3000	22.5<T≤27.5	VOCs	3.655E-1	2823.815
北京市	110000			重石脑油	固定顶罐	2000<V≤3000	27.5<T≤32.5	VOCs	4.08E-1	3128.259
北京市	110000			重石脑油	固定顶罐	2000<V≤3000	32.5<T≤37.5	VOCs	4.544E-1	3461.11
北京市	110000			重石脑油	固定顶罐	2000<V≤3000	T>37.5	VOCs	5.05E-1	3825.698
北京市	110000			重石脑油	固定顶罐	2000<V≤3000	常温	VOCs	2.857E-1	2248.447
北京市	110000			重石脑油	固定顶罐	3000<V≤5000	T≤2.5	VOCs	2.038E-1	2841.417
北京市	110000			重石脑油	固定顶罐	3000<V≤5000	2.5<T≤7.5	VOCs	2.301E-1	3166.606
北京市	110000			重石脑油	固定顶罐	3000<V≤5000	7.5<T≤12.5	VOCs	2.593E-1	3520.427
北京市	110000			重石脑油	固定顶罐	3000<V≤5000	12.5<T≤17.5	VOCs	2.914E-1	3904.995
北京市	110000			重石脑油	固定顶罐	3000<V≤5000	17.5<T≤22.5	VOCs	3.267E-1	4322.781
北京市	110000			重石脑油	固定顶罐	3000<V≤5000	22.5<T≤27.5	VOCs	3.655E-1	4776.719
北京市	110000			重石脑油	固定顶罐	3000<V≤5000	27.5<T≤32.5	VOCs	4.08E-1	5270.343
北京市	110000			重石脑油	固定顶罐	3000<V≤5000	32.5<T≤37.5	VOCs	4.544E-1	5807.958
北京市	110000			重石脑油	固定顶罐	3000<V≤5000	T>37.5	VOCs	5.05E-1	6394.857
北京市	110000			重石脑油	固定顶罐	3000<V≤5000	常温	VOCs	2.857E-1	3837.348
北京市	110000			重石脑油	固定顶罐	5000<V≤10000	T≤2.5	VOCs	2.038E-1	5562.372
北京市	110000			重石脑油	固定顶罐	5000<V≤10000	2.5<T≤7.5	VOCs	2.301E-1	6159.79
北京市	110000			重石脑油	固定顶罐	5000<V≤10000	7.5<T≤12.5	VOCs	2.593E-1	6804.295
北京市	110000			重石脑油	固定顶罐	5000<V≤10000	12.5<T≤17.5	VOCs	2.914E-1	7499.225
北京市	110000			重石脑油	固定顶罐	5000<V≤10000	17.5<T≤22.5	VOCs	3.267E-1	8248.625
北京市	110000			重石脑油	固定顶罐	5000<V≤10000	22.5<T≤27.5	VOCs	3.655E-1	9057.446
北京市	110000			重石脑油	固定顶罐	5000<V≤10000	27.5<T≤32.5	VOCs	4.08E-1	9931.782
北京市	110000			重石脑油	固定顶罐	5000<V≤10000	32.5<T≤37.5	VOCs	4.544E-1	10879.162
北京市	110000			重石脑油	固定顶罐	5000<V≤10000	T>37.5	VOCs	5.05E-1	11908.915
北京市	110000			重石脑油	固定顶罐	5000<V≤10000	常温	VOCs	2.857E-1	7377.366
北京市	110000			重石脑油	固定顶罐	10000<V≤20000	T≤2.5	VOCs	2.038E-1	11718.039
北京市	110000			重石脑油	固定顶罐	10000<V≤20000	2.5<T≤7.5	VOCs	2.301E-1	12881.206
北京市	110000			重石脑油	固定顶罐	10000<V≤20000	7.5<T≤12.5	VOCs	2.593E-1	14124.655
北京市	110000			重石脑油	固定顶罐	10000<V≤20000	12.5<T≤17.5	VOCs	2.914E-1	15454.317
北京市	110000			重石脑油	固定顶罐	10000<V≤20000	17.5<T≤22.5	VOCs	3.267E-1	16877.67
北京市	110000			重石脑油	固定顶罐	10000<V≤20000	22.5<T≤27.5	VOCs	3.655E-1	18404.093
北京市	110000			重石脑油	固定顶罐	10000<V≤20000	27.5<T≤32.5	VOCs	4.08E-1	20045.283
北京市	110000			重石脑油	固定顶罐	10000<V≤20000	32.5<T≤37.5	VOCs	4.544E-1	21815.764
北京市	110000			重石脑油	固定顶罐	10000<V≤20000	T>37.5	VOCs	5.05E-1	23733.532

省份	省份代码	地级市	地级市代码	物料名称	储罐类型	储罐容积 V/米^3	储存温度 T/摄氏度	污染物指标	工作损失排放系数/[千克/吨（周转量）]	静置损失排放系数/（千克/年）
北京市	110000			重石脑油	固定顶罐	10000<V≤20000	常温	VOCs	2.857E-1	15221.892
北京市	110000			重石脑油	固定顶罐	20000<V≤30000	T≤2.5	VOCs	2.038E-1	13728.17
北京市	110000			重石脑油	固定顶罐	20000<V≤30000	2.5<T≤7.5	VOCs	2.301E-1	15032.935
北京市	110000			重石脑油	固定顶罐	20000<V≤30000	7.5<T≤12.5	VOCs	2.593E-1	16421.678
北京市	110000			重石脑油	固定顶罐	20000<V≤30000	12.5<T≤17.5	VOCs	2.914E-1	17901.018
北京市	110000			重石脑油	固定顶罐	20000<V≤30000	17.5<T≤22.5	VOCs	3.267E-1	19479.405
北京市	110000			重石脑油	固定顶罐	20000<V≤30000	22.5<T≤27.5	VOCs	3.655E-1	21167.495
北京市	110000			重石脑油	固定顶罐	20000<V≤30000	27.5<T≤32.5	VOCs	4.08E-1	22978.578
北京市	110000			重石脑油	固定顶罐	20000<V≤30000	32.5<T≤37.5	VOCs	4.544E-1	24929.123
北京市	110000			重石脑油	固定顶罐	20000<V≤30000	T>37.5	VOCs	5.05E-1	27039.467
北京市	110000			重石脑油	固定顶罐	20000<V≤30000	常温	VOCs	2.857E-1	17642.8
北京市	110000			轻石脑油	固定顶罐	V≤100	T≤2.5	VOCs	1.079E0	365.393
北京市	110000			轻石脑油	固定顶罐	V≤100	2.5<T≤7.5	VOCs	1.187E0	412.523
北京市	110000			轻石脑油	固定顶罐	V≤100	7.5<T≤12.5	VOCs	1.302E0	466.171
北京市	110000			轻石脑油	固定顶罐	V≤100	12.5<T≤17.5	VOCs	1.426E0	527.67
北京市	110000			轻石脑油	固定顶罐	V≤100	17.5<T≤22.5	VOCs	1.559E0	598.801
北京市	110000			轻石脑油	固定顶罐	V≤100	22.5<T≤27.5	VOCs	1.7E0	681.994
北京市	110000			轻石脑油	固定顶罐	V≤100	27.5<T≤32.5	VOCs	1.851E0	780.654
北京市	110000			轻石脑油	固定顶罐	V≤100	32.5<T≤37.5	VOCs	2.01E0	899.694
北京市	110000			轻石脑油	固定顶罐	V≤100	T>37.5	VOCs	2.179E0	1046.464
北京市	110000			轻石脑油	固定顶罐	V≤100	常温	VOCs	1.405E0	516.592
北京市	110000			轻石脑油	固定顶罐	100<V≤200	T≤2.5	VOCs	1.079E0	662.026
北京市	110000			轻石脑油	固定顶罐	100<V≤200	2.5<T≤7.5	VOCs	1.187E0	742.954
北京市	110000			轻石脑油	固定顶罐	100<V≤200	7.5<T≤12.5	VOCs	1.302E0	834.606
北京市	110000			轻石脑油	固定顶罐	100<V≤200	12.5<T≤17.5	VOCs	1.426E0	939.203
北京市	110000			轻石脑油	固定顶罐	100<V≤200	17.5<T≤22.5	VOCs	1.559E0	1059.717
北京市	110000			轻石脑油	固定顶罐	100<V≤200	22.5<T≤27.5	VOCs	1.7E0	1200.213
北京市	110000			轻石脑油	固定顶罐	100<V≤200	27.5<T≤32.5	VOCs	1.851E0	1366.394
北京市	110000			轻石脑油	固定顶罐	100<V≤200	32.5<T≤37.5	VOCs	2.01E0	1566.494
北京市	110000			轻石脑油	固定顶罐	100<V≤200	T>37.5	VOCs	2.179E0	1812.829
北京市	110000			轻石脑油	固定顶罐	100<V≤200	常温	VOCs	1.405E0	920.392
北京市	110000			轻石脑油	固定顶罐	200<V≤300	T≤2.5	VOCs	1.079E0	932.569
北京市	110000			轻石脑油	固定顶罐	200<V≤300	2.5<T≤7.5	VOCs	1.187E0	1042.84
北京市	110000			轻石脑油	固定顶罐	200<V≤300	7.5<T≤12.5	VOCs	1.302E0	1167.392

省份	省份代码	地级市	地级市代码	物料名称	储罐类型	储罐容积 V/米^3	储存温度 T/摄氏度	污染物指标	工作损失排放系数/[千克/吨（周转量）]	静置损失排放系数/（千克/年）
北京市	110000			轻石脑油	固定顶罐	$200 < V \leqslant 300$	$12.5 < T \leqslant 17.5$	VOCs	1.426E0	1309.212
北京市	110000			轻石脑油	固定顶罐	$200 < V \leqslant 300$	$17.5 < T \leqslant 22.5$	VOCs	1.559E0	1472.306
北京市	110000			轻石脑油	固定顶罐	$200 < V \leqslant 300$	$22.5 < T \leqslant 27.5$	VOCs	1.7E0	1662.156
北京市	110000			轻石脑油	固定顶罐	$200 < V \leqslant 300$	$27.5 < T \leqslant 32.5$	VOCs	1.851E0	1886.453
北京市	110000			轻石脑油	固定顶罐	$200 < V \leqslant 300$	$32.5 < T \leqslant 37.5$	VOCs	2.01E0	2156.301
北京市	110000			轻石脑油	固定顶罐	$200 < V \leqslant 300$	$T > 37.5$	VOCs	2.179E0	2488.313
北京市	110000			轻石脑油	固定顶罐	$200 < V \leqslant 300$	常温	VOCs	1.405E0	1283.728
北京市	110000			轻石脑油	固定顶罐	$300 < V \leqslant 400$	$T \leqslant 2.5$	VOCs	1.079E0	1183.604
北京市	110000			轻石脑油	固定顶罐	$300 < V \leqslant 400$	$2.5 < T \leqslant 7.5$	VOCs	1.187E0	1320.235
北京市	110000			轻石脑油	固定顶罐	$300 < V \leqslant 400$	$7.5 < T \leqslant 12.5$	VOCs	1.302E0	1474.3
北京市	110000			轻石脑油	固定顶罐	$300 < V \leqslant 400$	$12.5 < T \leqslant 17.5$	VOCs	1.426E0	1649.477
北京市	110000			轻石脑油	固定顶罐	$300 < V \leqslant 400$	$17.5 < T \leqslant 22.5$	VOCs	1.559E0	1850.701
北京市	110000			轻石脑油	固定顶罐	$300 < V \leqslant 400$	$22.5 < T \leqslant 27.5$	VOCs	1.7E0	2084.732
北京市	110000			轻石脑油	固定顶罐	$300 < V \leqslant 400$	$27.5 < T \leqslant 32.5$	VOCs	1.851E0	2361.048
北京市	110000			轻石脑油	固定顶罐	$300 < V \leqslant 400$	$32.5 < T \leqslant 37.5$	VOCs	2.01E0	2693.336
北京市	110000			轻石脑油	固定顶罐	$300 < V \leqslant 400$	$T > 37.5$	VOCs	2.179E0	3102.063
北京市	110000			轻石脑油	固定顶罐	$300 < V \leqslant 400$	常温	VOCs	1.405E0	1618.014
北京市	110000			轻石脑油	固定顶罐	$400 < V \leqslant 500$	$T \leqslant 2.5$	VOCs	1.079E0	1436.431
北京市	110000			轻石脑油	固定顶罐	$400 < V \leqslant 500$	$2.5 < T \leqslant 7.5$	VOCs	1.187E0	1598.966
北京市	110000			轻石脑油	固定顶罐	$400 < V \leqslant 500$	$7.5 < T \leqslant 12.5$	VOCs	1.302E0	1782.005
北京市	110000			轻石脑油	固定顶罐	$400 < V \leqslant 500$	$12.5 < T \leqslant 17.5$	VOCs	1.426E0	1989.911
北京市	110000			轻石脑油	固定顶罐	$400 < V \leqslant 500$	$17.5 < T \leqslant 22.5$	VOCs	1.559E0	2228.537
北京市	110000			轻石脑油	固定顶罐	$400 < V \leqslant 500$	$22.5 < T \leqslant 27.5$	VOCs	1.7E0	2505.901
北京市	110000			轻石脑油	固定顶罐	$400 < V \leqslant 500$	$27.5 < T \leqslant 32.5$	VOCs	1.851E0	2833.242
北京市	110000			轻石脑油	固定顶罐	$400 < V \leqslant 500$	$32.5 < T \leqslant 37.5$	VOCs	2.01E0	3226.789
北京市	110000			轻石脑油	固定顶罐	$400 < V \leqslant 500$	$T > 37.5$	VOCs	2.179E0	3710.805
北京市	110000			轻石脑油	固定顶罐	$400 < V \leqslant 500$	常温	VOCs	1.405E0	1952.584
北京市	110000			轻石脑油	固定顶罐	$500 < V \leqslant 600$	$T \leqslant 2.5$	VOCs	1.079E0	1667.151
北京市	110000			轻石脑油	固定顶罐	$500 < V \leqslant 600$	$2.5 < T \leqslant 7.5$	VOCs	1.187E0	1853.391
北京市	110000			轻石脑油	固定顶罐	$500 < V \leqslant 600$	$7.5 < T \leqslant 12.5$	VOCs	1.302E0	2062.97
北京市	110000			轻石脑油	固定顶罐	$500 < V \leqslant 600$	$12.5 < T \leqslant 17.5$	VOCs	1.426E0	2300.878
北京市	110000			轻石脑油	固定顶罐	$500 < V \leqslant 600$	$17.5 < T \leqslant 22.5$	VOCs	1.559E0	2573.815
北京市	110000			轻石脑油	固定顶罐	$500 < V \leqslant 600$	$22.5 < T \leqslant 27.5$	VOCs	1.7E0	2890.955
北京市	110000			轻石脑油	固定顶罐	$500 < V \leqslant 600$	$27.5 < T \leqslant 32.5$	VOCs	1.851E0	3265.16

省份	省份代码	地级市	地级市代码	物料名称	储罐类型	储罐容积 V/米³	储存温度 T/摄氏度	污染物指标	工作损失排放系数/[千克/吨（周转量）]	静置损失排放系数/（千克/年）
北京市	110000			轻石脑油	固定顶罐	500<V≤600	32.5<T≤37.5	VOCs	2.01E0	3714.993
北京市	110000			轻石脑油	固定顶罐	500<V≤600	T>37.5	VOCs	2.179E0	4268.21
北京市	110000			轻石脑油	固定顶罐	500<V≤600	常温	VOCs	1.405E0	2258.172
北京市	110000			轻石脑油	固定顶罐	600<V≤700	T≤2.5	VOCs	1.079E0	1949.099
北京市	110000			轻石脑油	固定顶罐	600<V≤700	2.5<T≤7.5	VOCs	1.187E0	2165.089
北京市	110000			轻石脑油	固定顶罐	600<V≤700	7.5<T≤12.5	VOCs	1.302E0	2408.038
北京市	110000			轻石脑油	固定顶罐	600<V≤700	12.5<T≤17.5	VOCs	1.426E0	2683.73
北京市	110000			轻石脑油	固定顶罐	600<V≤700	17.5<T≤22.5	VOCs	1.559E0	2999.932
北京市	110000			轻石脑油	固定顶罐	600<V≤700	22.5<T≤27.5	VOCs	1.7E0	3367.276
北京市	110000			轻石脑油	固定顶罐	600<V≤700	27.5<T≤32.5	VOCs	1.851E0	3800.668
北京市	110000			轻石脑油	固定顶罐	600<V≤700	32.5<T≤37.5	VOCs	2.01E0	4321.62
北京市	110000			轻石脑油	固定顶罐	600<V≤700	T>37.5	VOCs	2.179E0	4962.293
北京市	110000			轻石脑油	固定顶罐	600<V≤700	常温	VOCs	1.405E0	2634.248
北京市	110000			轻石脑油	固定顶罐	700<V≤800	T≤2.5	VOCs	1.079E0	2121.345
北京市	110000			轻石脑油	固定顶罐	700<V≤800	2.5<T≤7.5	VOCs	1.187E0	2352.745
北京市	110000			轻石脑油	固定顶罐	700<V≤800	7.5<T≤12.5	VOCs	1.302E0	2612.816
北京市	110000			轻石脑油	固定顶罐	700<V≤800	12.5<T≤17.5	VOCs	1.426E0	2907.753
北京市	110000			轻石脑油	固定顶罐	700<V≤800	17.5<T≤22.5	VOCs	1.559E0	3245.872
北京市	110000			轻石脑油	固定顶罐	700<V≤800	22.5<T≤27.5	VOCs	1.7E0	3638.557
北京市	110000			轻石脑油	固定顶罐	700<V≤800	27.5<T≤32.5	VOCs	1.851E0	4101.762
北京市	110000			轻石脑油	固定顶罐	700<V≤800	32.5<T≤37.5	VOCs	2.01E0	4658.506
北京市	110000			轻石脑油	固定顶罐	700<V≤800	T>37.5	VOCs	2.179E0	5343.198
北京市	110000			轻石脑油	固定顶罐	700<V≤800	常温	VOCs	1.405E0	2854.828
北京市	110000			轻石脑油	固定顶罐	800<V≤1000	T≤2.5	VOCs	1.079E0	2611.911
北京市	110000			轻石脑油	固定顶罐	800<V≤1000	2.5<T≤7.5	VOCs	1.187E0	2892.295
北京市	110000			轻石脑油	固定顶罐	800<V≤1000	7.5<T≤12.5	VOCs	1.302E0	3207.186
北京市	110000			轻石脑油	固定顶罐	800<V≤1000	12.5<T≤17.5	VOCs	1.426E0	3564.093
北京市	110000			轻石脑油	固定顶罐	800<V≤1000	17.5<T≤22.5	VOCs	1.559E0	3973.093
北京市	110000			轻石脑油	固定顶罐	800<V≤1000	22.5<T≤27.5	VOCs	1.7E0	4447.979
北京市	110000			轻石脑油	固定顶罐	800<V≤1000	27.5<T≤32.5	VOCs	1.851E0	5008.074
北京市	110000			轻石脑油	固定顶罐	800<V≤1000	32.5<T≤37.5	VOCs	2.01E0	5681.254
北京市	110000			轻石脑油	固定顶罐	800<V≤1000	T>37.5	VOCs	2.179E0	6509.174
北京市	110000			轻石脑油	固定顶罐	800<V≤1000	常温	VOCs	1.405E0	3500.06
北京市	110000			轻石脑油	固定顶罐	1000<V≤1500	T≤2.5	VOCs	1.079E0	3756.875

省份	省份代码	地级市	地级市代码	物料名称	储罐类型	储罐容积 V/米^3	储存温度 T/摄氏度	污染物指标	工作损失排放系数/[千克/吨（周转量）]	静置损失排放系数/（千克/年）
北京市	110000			轻石脑油	固定顶罐	$1000{<}V{\leq}1500$	$2.5{<}T{\leq}7.5$	VOCs	1.187E0	4149.152
北京市	110000			轻石脑油	固定顶罐	$1000{<}V{\leq}1500$	$7.5{<}T{\leq}12.5$	VOCs	1.302E0	4589.224
北京市	110000			轻石脑油	固定顶罐	$1000{<}V{\leq}1500$	$12.5{<}T{\leq}17.5$	VOCs	1.426E0	5087.623
北京市	110000			轻石脑油	固定顶罐	$1000{<}V{\leq}1500$	$17.5{<}T{\leq}22.5$	VOCs	1.559E0	5658.472
北京市	110000			轻石脑油	固定顶罐	$1000{<}V{\leq}1500$	$22.5{<}T{\leq}27.5$	VOCs	1.7E0	6321.088
北京市	110000			轻石脑油	固定顶罐	$1000{<}V{\leq}1500$	$27.5{<}T{\leq}32.5$	VOCs	1.851E0	7102.524
北京市	110000			轻石脑油	固定顶罐	$1000{<}V{\leq}1500$	$32.5{<}T{\leq}37.5$	VOCs	2.01E0	8041.779
北京市	110000			轻石脑油	固定顶罐	$1000{<}V{\leq}1500$	$T{>}37.5$	VOCs	2.179E0	9197.12
北京市	110000			轻石脑油	固定顶罐	$1000{<}V{\leq}1500$	常温	VOCs	1.405E0	4998.227
北京市	110000			轻石脑油	固定顶罐	$1500{<}V{\leq}2000$	$T{\leq}2.5$	VOCs	1.079E0	5234.398
北京市	110000			轻石脑油	固定顶罐	$1500{<}V{\leq}2000$	$2.5{<}T{\leq}7.5$	VOCs	1.187E0	5773.747
北京市	110000			轻石脑油	固定顶罐	$1500{<}V{\leq}2000$	$7.5{<}T{\leq}12.5$	VOCs	1.302E0	6378.546
北京市	110000			轻石脑油	固定顶罐	$1500{<}V{\leq}2000$	$12.5{<}T{\leq}17.5$	VOCs	1.426E0	7063.299
北京市	110000			轻石脑油	固定顶罐	$1500{<}V{\leq}2000$	$17.5{<}T{\leq}22.5$	VOCs	1.559E0	7847.454
北京市	110000			轻石脑油	固定顶罐	$1500{<}V{\leq}2000$	$22.5{<}T{\leq}27.5$	VOCs	1.7E0	8757.599
北京市	110000			轻石脑油	固定顶罐	$1500{<}V{\leq}2000$	$27.5{<}T{\leq}32.5$	VOCs	1.851E0	9830.958
北京市	110000			轻石脑油	固定顶罐	$1500{<}V{\leq}2000$	$32.5{<}T{\leq}37.5$	VOCs	2.01E0	11121.182
北京市	110000			轻石脑油	固定顶罐	$1500{<}V{\leq}2000$	$T{>}37.5$	VOCs	2.179E0	12708.41
北京市	110000			轻石脑油	固定顶罐	$1500{<}V{\leq}2000$	常温	VOCs	1.405E0	6940.488
北京市	110000			轻石脑油	固定顶罐	$2000{<}V{\leq}3000$	$T{\leq}2.5$	VOCs	1.079E0	7773.646
北京市	110000			轻石脑油	固定顶罐	$2000{<}V{\leq}3000$	$2.5{<}T{\leq}7.5$	VOCs	1.187E0	8555.229
北京市	110000			轻石脑油	固定顶罐	$2000{<}V{\leq}3000$	$7.5{<}T{\leq}12.5$	VOCs	1.302E0	9431.069
北京市	110000			轻石脑油	固定顶罐	$2000{<}V{\leq}3000$	$12.5{<}T{\leq}17.5$	VOCs	1.426E0	10422.28
北京市	110000			轻石脑油	固定顶罐	$2000{<}V{\leq}3000$	$17.5{<}T{\leq}22.5$	VOCs	1.559E0	11557.146
北京市	110000			轻石脑油	固定顶罐	$2000{<}V{\leq}3000$	$22.5{<}T{\leq}27.5$	VOCs	1.7E0	12874.305
北京市	110000			轻石脑油	固定顶罐	$2000{<}V{\leq}3000$	$27.5{<}T{\leq}32.5$	VOCs	1.851E0	14427.82
北京市	110000			轻石脑油	固定顶罐	$2000{<}V{\leq}3000$	$32.5{<}T{\leq}37.5$	VOCs	2.01E0	16295.576
北京市	110000			轻石脑油	固定顶罐	$2000{<}V{\leq}3000$	$T{>}37.5$	VOCs	2.179E0	18593.877
北京市	110000			轻石脑油	固定顶罐	$2000{<}V{\leq}3000$	常温	VOCs	1.405E0	10244.527
北京市	110000			轻石脑油	固定顶罐	$3000{<}V{\leq}5000$	$T{\leq}2.5$	VOCs	1.079E0	12809.832
北京市	110000			轻石脑油	固定顶罐	$3000{<}V{\leq}5000$	$2.5{<}T{\leq}7.5$	VOCs	1.187E0	14052.969
北京市	110000			轻石脑油	固定顶罐	$3000{<}V{\leq}5000$	$7.5{<}T{\leq}12.5$	VOCs	1.302E0	15445.135
北京市	110000			轻石脑油	固定顶罐	$3000{<}V{\leq}5000$	$12.5{<}T{\leq}17.5$	VOCs	1.426E0	17020.199
北京市	110000			轻石脑油	固定顶罐	$3000{<}V{\leq}5000$	$17.5{<}T{\leq}22.5$	VOCs	1.559E0	18823.464

省份	省份代码	地级市	地级市代码	物料名称	储罐类型	储罐容积 V/米^3	储存温度 T/摄氏度	污染物指标	工作损失排放系数/[千克/吨（周转量）]	静置损失排放系数/（千克/年）
北京市	110000			轻石脑油	固定顶罐	3000<V≤5000	22.5<T≤27.5	VOCs	1.7E0	20916.744
北京市	110000			轻石脑油	固定顶罐	3000<V≤5000	27.5<T≤32.5	VOCs	1.851E0	23386.453
北京市	110000			轻石脑油	固定顶罐	3000<V≤5000	32.5<T≤37.5	VOCs	2.01E0	26356.997
北京市	110000			轻石脑油	固定顶罐	3000<V≤5000	T>37.5	VOCs	2.179E0	30014.06
北京市	110000			轻石脑油	固定顶罐	3000<V≤5000	常温	VOCs	1.405E0	16737.759
北京市	110000			轻石脑油	固定顶罐	5000<V≤10000	T≤2.5	VOCs	1.079E0	23361.151
北京市	110000			轻石脑油	固定顶罐	5000<V≤10000	2.5<T≤7.5	VOCs	1.187E0	25511.488
北京市	110000			轻石脑油	固定顶罐	5000<V≤10000	7.5<T≤12.5	VOCs	1.302E0	27919.017
北京市	110000			轻石脑油	固定顶罐	5000<V≤10000	12.5<T≤17.5	VOCs	1.426E0	30643.29
北京市	110000			轻石脑油	固定顶罐	5000<V≤10000	17.5<T≤22.5	VOCs	1.559E0	33763.758
北京市	110000			轻石脑油	固定顶罐	5000<V≤10000	22.5<T≤27.5	VOCs	1.7E0	37388.626
北京市	110000			轻石脑油	固定顶罐	5000<V≤10000	27.5<T≤32.5	VOCs	1.851E0	41668.948
北京市	110000			轻石脑油	固定顶罐	5000<V≤10000	32.5<T≤37.5	VOCs	2.01E0	46821.987
北京市	110000			轻石脑油	固定顶罐	5000<V≤10000	T>37.5	VOCs	2.179E0	53171.814
北京市	110000			轻石脑油	固定顶罐	5000<V≤10000	常温	VOCs	1.405E0	30154.701
北京市	110000			轻石脑油	固定顶罐	10000<V≤20000	T≤2.5	VOCs	1.079E0	45561.636
北京市	110000			轻石脑油	固定顶罐	10000<V≤20000	2.5<T≤7.5	VOCs	1.187E0	49527.423
北京市	110000			轻石脑油	固定顶罐	10000<V≤20000	7.5<T≤12.5	VOCs	1.302E0	53970.45
北京市	110000			轻石脑油	固定顶罐	10000<V≤20000	12.5<T≤17.5	VOCs	1.426E0	59002.821
北京市	110000			轻石脑油	固定顶罐	10000<V≤20000	17.5<T≤22.5	VOCs	1.559E0	64773.703
北京市	110000			轻石脑油	固定顶罐	10000<V≤20000	22.5<T≤27.5	VOCs	1.7E0	71485.85
北京市	110000			轻石脑油	固定顶罐	10000<V≤20000	27.5<T≤32.5	VOCs	1.851E0	79421.938
北京市	110000			轻石脑油	固定顶罐	10000<V≤20000	32.5<T≤37.5	VOCs	2.01E0	88988.206
北京市	110000			轻石脑油	固定顶罐	10000<V≤20000	T>37.5	VOCs	2.179E0	100790.275
北京市	110000			轻石脑油	固定顶罐	10000<V≤20000	常温	VOCs	1.405E0	58099.885
北京市	110000			轻石脑油	固定顶罐	20000<V≤30000	T≤2.5	VOCs	1.079E0	51378.347
北京市	110000			轻石脑油	固定顶罐	20000<V≤30000	2.5<T≤7.5	VOCs	1.187E0	55731.099
北京市	110000			轻石脑油	固定顶罐	20000<V≤30000	7.5<T≤12.5	VOCs	1.302E0	60610.834
北京市	110000			轻石脑油	固定顶罐	20000<V≤30000	12.5<T≤17.5	VOCs	1.426E0	66141.92
北京市	110000			轻石脑油	固定顶罐	20000<V≤30000	17.5<T≤22.5	VOCs	1.559E0	72489.639
北京市	110000			轻石脑油	固定顶罐	20000<V≤30000	22.5<T≤27.5	VOCs	1.7E0	79878.471
北京市	110000			轻石脑油	固定顶罐	20000<V≤30000	27.5<T≤32.5	VOCs	1.851E0	88621.211
北京市	110000			轻石脑油	固定顶罐	20000<V≤30000	32.5<T≤37.5	VOCs	2.01E0	99167.238
北京市	110000			轻石脑油	固定顶罐	20000<V≤30000	T>37.5	VOCs	2.179E0	112186.357
北京市	110000			轻石脑油	固定顶罐	20000<V≤30000	常温	VOCs	1.405E0	65149.193

表6-8　内浮顶罐有机化学品挥发性有机物产污系数表（示例）

省份	省份代码	地级市	地级市代码	物料名称	储罐类型	储罐容积 V/米^3	储存温度 T/摄氏度	污染物指标	工作损失排放系数/[千克/吨（周转量）]	静置损失排放系数/（千克/年）
北京市	110000			间二甲苯	内浮顶罐	$V\leq100$	$T\leq2.5$	VOCs	1.141E-2	3.008
北京市	110000			间二甲苯	内浮顶罐	$V\leq100$	$2.5<T\leq7.5$	VOCs	1.141E-2	4.294
北京市	110000			间二甲苯	内浮顶罐	$V\leq100$	$7.5<T\leq12.5$	VOCs	1.141E-2	6.036
北京市	110000			间二甲苯	内浮顶罐	$V\leq100$	$12.5<T\leq17.5$	VOCs	1.141E-2	8.361
北京市	110000			间二甲苯	内浮顶罐	$V\leq100$	$17.5<T\leq22.5$	VOCs	1.141E-2	11.425
北京市	110000			间二甲苯	内浮顶罐	$V\leq100$	$22.5<T\leq27.5$	VOCs	1.141E-2	15.416
北京市	110000			间二甲苯	内浮顶罐	$V\leq100$	$27.5<T\leq32.5$	VOCs	1.141E-2	20.559
北京市	110000			间二甲苯	内浮顶罐	$V\leq100$	$32.5<T\leq37.5$	VOCs	1.141E-2	27.119
北京市	110000			间二甲苯	内浮顶罐	$V\leq100$	$T>37.5$	VOCs	1.141E-2	35.411
北京市	110000			间二甲苯	内浮顶罐	$V\leq100$	常温	VOCs	1.141E-2	7.918
北京市	110000			间二甲苯	内浮顶罐	$100<V\leq200$	$T\leq2.5$	VOCs	9.333E-3	3.63
北京市	110000			间二甲苯	内浮顶罐	$100<V\leq200$	$2.5<T\leq7.5$	VOCs	9.333E-3	5.183
北京市	110000			间二甲苯	内浮顶罐	$100<V\leq200$	$7.5<T\leq12.5$	VOCs	9.333E-3	7.284
北京市	110000			间二甲苯	内浮顶罐	$100<V\leq200$	$12.5<T\leq17.5$	VOCs	9.333E-3	10.09
北京市	110000			间二甲苯	内浮顶罐	$100<V\leq200$	$17.5<T\leq22.5$	VOCs	9.333E-3	13.788
北京市	110000			间二甲苯	内浮顶罐	$100<V\leq200$	$22.5<T\leq27.5$	VOCs	9.333E-3	18.605
北京市	110000			间二甲苯	内浮顶罐	$100<V\leq200$	$27.5<T\leq32.5$	VOCs	9.333E-3	24.812
北京市	110000			间二甲苯	内浮顶罐	$100<V\leq200$	$32.5<T\leq37.5$	VOCs	9.333E-3	32.729
北京市	110000			间二甲苯	内浮顶罐	$100<V\leq200$	$T>37.5$	VOCs	9.333E-3	42.736
北京市	110000			间二甲苯	内浮顶罐	$100<V\leq200$	常温	VOCs	9.333E-3	9.556
北京市	110000			间二甲苯	内浮顶罐	$200<V\leq300$	$T\leq2.5$	VOCs	7.897E-3	4.298
北京市	110000			间二甲苯	内浮顶罐	$200<V\leq300$	$2.5<T\leq7.5$	VOCs	7.897E-3	6.136
北京市	110000			间二甲苯	内浮顶罐	$200<V\leq300$	$7.5<T\leq12.5$	VOCs	7.897E-3	8.624
北京市	110000			间二甲苯	内浮顶罐	$200<V\leq300$	$12.5<T\leq17.5$	VOCs	7.897E-3	11.946
北京市	110000			间二甲苯	内浮顶罐	$200<V\leq300$	$17.5<T\leq22.5$	VOCs	7.897E-3	16.324
北京市	110000			间二甲苯	内浮顶罐	$200<V\leq300$	$22.5<T\leq27.5$	VOCs	7.897E-3	22.027
北京市	110000			间二甲苯	内浮顶罐	$200<V\leq300$	$27.5<T\leq32.5$	VOCs	7.897E-3	29.375
北京市	110000			间二甲苯	内浮顶罐	$200<V\leq300$	$32.5<T\leq37.5$	VOCs	7.897E-3	38.748
北京市	110000			间二甲苯	内浮顶罐	$200<V\leq300$	$T>37.5$	VOCs	7.897E-3	50.596
北京市	110000			间二甲苯	内浮顶罐	$200<V\leq300$	常温	VOCs	7.897E-3	11.313
北京市	110000			间二甲苯	内浮顶罐	$300<V\leq400$	$T\leq2.5$	VOCs	6.844E-3	4.94
北京市	110000			间二甲苯	内浮顶罐	$300<V\leq400$	$2.5<T\leq7.5$	VOCs	6.844E-3	7.052
北京市	110000			间二甲苯	内浮顶罐	$300<V\leq400$	$7.5<T\leq12.5$	VOCs	6.844E-3	9.912
北京市	110000			间二甲苯	内浮顶罐	$300<V\leq400$	$12.5<T\leq17.5$	VOCs	6.844E-3	13.73
北京市	110000			间二甲苯	内浮顶罐	$300<V\leq400$	$17.5<T\leq22.5$	VOCs	6.844E-3	18.762
北京市	110000			间二甲苯	内浮顶罐	$300<V\leq400$	$22.5<T\leq27.5$	VOCs	6.844E-3	25.317
北京市	110000			间二甲苯	内浮顶罐	$300<V\leq400$	$27.5<T\leq32.5$	VOCs	6.844E-3	33.762

省份	省份代码	地级市	地级市代码	物料名称	储罐类型	储罐容积 V/米³	储存温度 T/摄氏度	污染物指标	工作损失排放系数/[千克/吨（周转量）]	静置损失排放系数/（千克/年）
北京市	110000			间二甲苯	内浮顶罐	300<V≤400	32.5<T≤37.5	VOCs	6.844E-3	44.535
北京市	110000			间二甲苯	内浮顶罐	300<V≤400	T>37.5	VOCs	6.844E-3	58.152
北京市	110000			间二甲苯	内浮顶罐	300<V≤400	常温	VOCs	6.844E-3	13.003
北京市	110000			间二甲苯	内浮顶罐	400<V≤500	T≤2.5	VOCs	6.26E-3	5.463
北京市	110000			间二甲苯	内浮顶罐	400<V≤500	2.5<T≤7.5	VOCs	6.26E-3	7.799
北京市	110000			间二甲苯	内浮顶罐	400<V≤500	7.5<T≤12.5	VOCs	6.26E-3	10.961
北京市	110000			间二甲苯	内浮顶罐	400<V≤500	12.5<T≤17.5	VOCs	6.26E-3	15.183
北京市	110000			间二甲苯	内浮顶罐	400<V≤500	17.5<T≤22.5	VOCs	6.26E-3	20.748
北京市	110000			间二甲苯	内浮顶罐	400<V≤500	22.5<T≤27.5	VOCs	6.26E-3	27.997
北京市	110000			间二甲苯	内浮顶罐	400<V≤500	27.5<T≤32.5	VOCs	6.26E-3	37.336
北京市	110000			间二甲苯	内浮顶罐	400<V≤500	32.5<T≤37.5	VOCs	6.26E-3	49.25
北京市	110000			间二甲苯	内浮顶罐	400<V≤500	T>37.5	VOCs	6.26E-3	64.308
北京市	110000			间二甲苯	内浮顶罐	400<V≤500	常温	VOCs	6.26E-3	14.379
北京市	110000			间二甲苯	内浮顶罐	500<V≤600	T≤2.5	VOCs	5.703E-3	5.996
北京市	110000			间二甲苯	内浮顶罐	500<V≤600	2.5<T≤7.5	VOCs	5.703E-3	8.56
北京市	110000			间二甲苯	内浮顶罐	500<V≤600	7.5<T≤12.5	VOCs	5.703E-3	12.03
北京市	110000			间二甲苯	内浮顶罐	500<V≤600	12.5<T≤17.5	VOCs	5.703E-3	16.664
北京市	110000			间二甲苯	内浮顶罐	500<V≤600	17.5<T≤22.5	VOCs	5.703E-3	22.772
北京市	110000			间二甲苯	内浮顶罐	500<V≤600	22.5<T≤27.5	VOCs	5.703E-3	30.728
北京市	110000			间二甲苯	内浮顶罐	500<V≤600	27.5<T≤32.5	VOCs	5.703E-3	40.978
北京市	110000			间二甲苯	内浮顶罐	500<V≤600	32.5<T≤37.5	VOCs	5.703E-3	54.054
北京市	110000			间二甲苯	内浮顶罐	500<V≤600	T>37.5	VOCs	5.703E-3	70.582
北京市	110000			间二甲苯	内浮顶罐	500<V≤600	常温	VOCs	5.703E-3	15.782
北京市	110000			间二甲苯	内浮顶罐	600<V≤700	T≤2.5	VOCs	5.579E-3	6.147
北京市	110000			间二甲苯	内浮顶罐	600<V≤700	2.5<T≤7.5	VOCs	5.579E-3	8.776
北京市	110000			间二甲苯	内浮顶罐	600<V≤700	7.5<T≤12.5	VOCs	5.579E-3	12.334
北京市	110000			间二甲苯	内浮顶罐	600<V≤700	12.5<T≤17.5	VOCs	5.579E-3	17.085
北京市	110000			间二甲苯	内浮顶罐	600<V≤700	17.5<T≤22.5	VOCs	5.579E-3	23.347
北京市	110000			间二甲苯	内浮顶罐	600<V≤700	22.5<T≤27.5	VOCs	5.579E-3	31.503
北京市	110000			间二甲苯	内浮顶罐	600<V≤700	27.5<T≤32.5	VOCs	5.579E-3	42.013
北京市	110000			间二甲苯	内浮顶罐	600<V≤700	32.5<T≤37.5	VOCs	5.579E-3	55.418
北京市	110000			间二甲苯	内浮顶罐	600<V≤700	T>37.5	VOCs	5.579E-3	72.363
北京市	110000			间二甲苯	内浮顶罐	600<V≤700	常温	VOCs	5.579E-3	16.18
北京市	110000			间二甲苯	内浮顶罐	700<V≤800	T≤2.5	VOCs	5.133E-3	6.701
北京市	110000			间二甲苯	内浮顶罐	700<V≤800	2.5<T≤7.5	VOCs	5.133E-3	9.567
北京市	110000			间二甲苯	内浮顶罐	700<V≤800	7.5<T≤12.5	VOCs	5.133E-3	13.446
北京市	110000			间二甲苯	内浮顶罐	700<V≤800	12.5<T≤17.5	VOCs	5.133E-3	18.625
北京市	110000			间二甲苯	内浮顶罐	700<V≤800	17.5<T≤22.5	VOCs	5.133E-3	25.451

省份	省份代码	地级市	地级市代码	物料名称	储罐类型	储罐容积 V/米³	储存温度 T/摄氏度	污染物指标	工作损失排放系数/[千克/吨（周转量）]	静置损失排放系数/（千克/年）
北京市	110000			间二甲苯	内浮顶罐	700＜V≤800	22.5＜T≤27.5	VOCs	5.133E-3	34.343
北京市	110000			间二甲苯	内浮顶罐	700＜V≤800	27.5＜T≤32.5	VOCs	5.133E-3	45.799
北京市	110000			间二甲苯	内浮顶罐	700＜V≤800	32.5＜T≤37.5	VOCs	5.133E-3	60.413
北京市	110000			间二甲苯	内浮顶罐	700＜V≤800	T＞37.5	VOCs	5.133E-3	78.886
北京市	110000			间二甲苯	内浮顶罐	700＜V≤800	常温	VOCs	5.133E-3	17.639
北京市	110000			间二甲苯	内浮顶罐	800＜V≤1000	T≤2.5	VOCs	4.463E-3	7.836
北京市	110000			间二甲苯	内浮顶罐	800＜V≤1000	2.5＜T≤7.5	VOCs	4.463E-3	11.186
北京市	110000			间二甲苯	内浮顶罐	800＜V≤1000	7.5＜T≤12.5	VOCs	4.463E-3	15.722
北京市	110000			间二甲苯	内浮顶罐	800＜V≤1000	12.5＜T≤17.5	VOCs	4.463E-3	21.778
北京市	110000			间二甲苯	内浮顶罐	800＜V≤1000	17.5＜T≤22.5	VOCs	4.463E-3	29.76
北京市	110000			间二甲苯	内浮顶罐	800＜V≤1000	22.5＜T≤27.5	VOCs	4.463E-3	40.157
北京市	110000			间二甲苯	内浮顶罐	800＜V≤1000	27.5＜T≤32.5	VOCs	4.463E-3	53.553
北京市	110000			间二甲苯	内浮顶罐	800＜V≤1000	32.5＜T≤37.5	VOCs	4.463E-3	70.641
北京市	110000			间二甲苯	内浮顶罐	800＜V≤1000	T＞37.5	VOCs	4.463E-3	92.24
北京市	110000			间二甲苯	内浮顶罐	800＜V≤1000	常温	VOCs	4.463E-3	20.625
北京市	110000			间二甲苯	内浮顶罐	1000＜V≤1500	T≤2.5	VOCs	3.948E-3	8.911
北京市	110000			间二甲苯	内浮顶罐	1000＜V≤1500	2.5＜T≤7.5	VOCs	3.948E-3	12.722
北京市	110000			间二甲苯	内浮顶罐	1000＜V≤1500	7.5＜T≤12.5	VOCs	3.948E-3	17.88
北京市	110000			间二甲苯	内浮顶罐	1000＜V≤1500	12.5＜T≤17.5	VOCs	3.948E-3	24.767
北京市	110000			间二甲苯	内浮顶罐	1000＜V≤1500	17.5＜T≤22.5	VOCs	3.948E-3	33.844
北京市	110000			间二甲苯	内浮顶罐	1000＜V≤1500	22.5＜T≤27.5	VOCs	3.948E-3	45.668
北京市	110000			间二甲苯	内浮顶罐	1000＜V≤1500	27.5＜T≤32.5	VOCs	3.948E-3	60.903
北京市	110000			间二甲苯	内浮顶罐	1000＜V≤1500	32.5＜T≤37.5	VOCs	3.948E-3	80.337
北京市	110000			间二甲苯	内浮顶罐	1000＜V≤1500	T＞37.5	VOCs	3.948E-3	104.901
北京市	110000			间二甲苯	内浮顶罐	1000＜V≤1500	常温	VOCs	3.948E-3	23.455
北京市	110000			间二甲苯	内浮顶罐	1500＜V≤2000	T≤2.5	VOCs	3.54E-3	10.154
北京市	110000			间二甲苯	内浮顶罐	1500＜V≤2000	2.5＜T≤7.5	VOCs	3.54E-3	14.497
北京市	110000			间二甲苯	内浮顶罐	1500＜V≤2000	7.5＜T≤12.5	VOCs	3.54E-3	20.375
北京市	110000			间二甲苯	内浮顶罐	1500＜V≤2000	12.5＜T≤17.5	VOCs	3.54E-3	28.222
北京市	110000			间二甲苯	内浮顶罐	1500＜V≤2000	17.5＜T≤22.5	VOCs	3.54E-3	38.566
北京市	110000			间二甲苯	内浮顶罐	1500＜V≤2000	22.5＜T≤27.5	VOCs	3.54E-3	52.04
北京市	110000			间二甲苯	内浮顶罐	1500＜V≤2000	27.5＜T≤32.5	VOCs	3.54E-3	69.4
北京市	110000			间二甲苯	内浮顶罐	1500＜V≤2000	32.5＜T≤37.5	VOCs	3.54E-3	91.545
北京市	110000			间二甲苯	内浮顶罐	1500＜V≤2000	T＞37.5	VOCs	3.54E-3	119.536
北京市	110000			间二甲苯	内浮顶罐	1500＜V≤2000	常温	VOCs	3.54E-3	26.728
北京市	110000			间二甲苯	内浮顶罐	2000＜V≤3000	T≤2.5	VOCs	3.019E-3	12.222
北京市	110000			间二甲苯	内浮顶罐	2000＜V≤3000	2.5＜T≤7.5	VOCs	3.019E-3	17.449
北京市	110000			间二甲苯	内浮顶罐	2000＜V≤3000	7.5＜T≤12.5	VOCs	3.019E-3	24.524

省份	省份代码	地级市	地级市代码	物料名称	储罐类型	储罐容积 V/米^3	储存温度 T/摄氏度	污染物指标	工作损失排放系数/[千克/吨（周转量）]	静置损失排放系数/（千克/年）
北京市	110000			间二甲苯	内浮顶罐	2000<V≤3000	12.5<T≤17.5	VOCs	3.019E-3	33.97
北京市	110000			间二甲苯	内浮顶罐	2000<V≤3000	17.5<T≤22.5	VOCs	3.019E-3	46.421
北京市	110000			间二甲苯	内浮顶罐	2000<V≤3000	22.5<T≤27.5	VOCs	3.019E-3	62.639
北京市	110000			间二甲苯	内浮顶罐	2000<V≤3000	27.5<T≤32.5	VOCs	3.019E-3	83.535
北京市	110000			间二甲苯	内浮顶罐	2000<V≤3000	32.5<T≤37.5	VOCs	3.019E-3	110.19
北京市	110000			间二甲苯	内浮顶罐	2000<V≤3000	T>37.5	VOCs	3.019E-3	143.882
北京市	110000			间二甲苯	内浮顶罐	2000<V≤3000	常温	VOCs	3.019E-3	32.171
北京市	110000			间二甲苯	内浮顶罐	3000<V≤5000	T≤2.5	VOCs	2.444E-3	15.629
北京市	110000			间二甲苯	内浮顶罐	3000<V≤5000	2.5<T≤7.5	VOCs	2.444E-3	22.312
北京市	110000			间二甲苯	内浮顶罐	3000<V≤5000	7.5<T≤12.5	VOCs	2.444E-3	31.36
北京市	110000			间二甲苯	内浮顶罐	3000<V≤5000	12.5<T≤17.5	VOCs	2.444E-3	43.438
北京市	110000			间二甲苯	内浮顶罐	3000<V≤5000	17.5<T≤22.5	VOCs	2.444E-3	59.359
北京市	110000			间二甲苯	内浮顶罐	3000<V≤5000	22.5<T≤27.5	VOCs	2.444E-3	80.097
北京市	110000			间二甲苯	内浮顶罐	3000<V≤5000	27.5<T≤32.5	VOCs	2.444E-3	106.817
北京市	110000			间二甲苯	内浮顶罐	3000<V≤5000	32.5<T≤37.5	VOCs	2.444E-3	140.901
北京市	110000			间二甲苯	内浮顶罐	3000<V≤5000	T>37.5	VOCs	2.444E-3	183.984
北京市	110000			间二甲苯	内浮顶罐	3000<V≤5000	常温	VOCs	2.444E-3	41.138
北京市	110000			间二甲苯	内浮顶罐	5000<V≤10000	T≤2.5	VOCs	1.711E-3	18.198
北京市	110000			间二甲苯	内浮顶罐	5000<V≤10000	2.5<T≤7.5	VOCs	1.711E-3	25.98
北京市	110000			间二甲苯	内浮顶罐	5000<V≤10000	7.5<T≤12.5	VOCs	1.711E-3	36.515
北京市	110000			间二甲苯	内浮顶罐	5000<V≤10000	12.5<T≤17.5	VOCs	1.711E-3	50.58
北京市	110000			间二甲苯	内浮顶罐	5000<V≤10000	17.5<T≤22.5	VOCs	1.711E-3	69.118
北京市	110000			间二甲苯	内浮顶罐	5000<V≤10000	22.5<T≤27.5	VOCs	1.711E-3	93.265
北京市	110000			间二甲苯	内浮顶罐	5000<V≤10000	27.5<T≤32.5	VOCs	1.711E-3	124.378
北京市	110000			间二甲苯	内浮顶罐	5000<V≤10000	32.5<T≤37.5	VOCs	1.711E-3	164.065
北京市	110000			间二甲苯	内浮顶罐	5000<V≤10000	T>37.5	VOCs	1.711E-3	214.23
北京市	110000			间二甲苯	内浮顶罐	5000<V≤10000	常温	VOCs	1.711E-3	47.901
北京市	110000			间二甲苯	内浮顶罐	10000<V≤20000	T≤2.5	VOCs	1.222E-3	25.778
北京市	110000			间二甲苯	内浮顶罐	10000<V≤20000	2.5<T≤7.5	VOCs	1.222E-3	36.801
北京市	110000			间二甲苯	内浮顶罐	10000<V≤20000	7.5<T≤12.5	VOCs	1.222E-3	51.724
北京市	110000			间二甲苯	内浮顶罐	10000<V≤20000	12.5<T≤17.5	VOCs	1.222E-3	71.647
北京市	110000			间二甲苯	内浮顶罐	10000<V≤20000	17.5<T≤22.5	VOCs	1.222E-3	97.906
北京市	110000			间二甲苯	内浮顶罐	10000<V≤20000	22.5<T≤27.5	VOCs	1.222E-3	132.111
北京市	110000			间二甲苯	内浮顶罐	10000<V≤20000	27.5<T≤32.5	VOCs	1.222E-3	176.182
北京市	110000			间二甲苯	内浮顶罐	10000<V≤20000	32.5<T≤37.5	VOCs	1.222E-3	232.4
北京市	110000			间二甲苯	内浮顶罐	10000<V≤20000	T>37.5	VOCs	1.222E-3	303.46
北京市	110000			间二甲苯	内浮顶罐	10000<V≤20000	常温	VOCs	1.222E-3	67.853

省份	省份代码	地级市	地级市代码	物料名称	储罐类型	储罐容积 V/米³	储存温度 T/摄氏度	污染物指标	工作损失排放系数/[千克/吨(周转量)]	静置损失排放系数/(千克/年)
北京市	110000			间二甲苯	内浮顶罐	20000<V≤30000	T≤2.5	VOCs	1.167E-3	27.047
北京市	110000			间二甲苯	内浮顶罐	20000<V≤30000	2.5<T≤7.5	VOCs	1.167E-3	38.613
北京市	110000			间二甲苯	内浮顶罐	20000<V≤30000	7.5<T≤12.5	VOCs	1.167E-3	54.27
北京市	110000			间二甲苯	内浮顶罐	20000<V≤30000	12.5<T≤17.5	VOCs	1.167E-3	75.173
北京市	110000			间二甲苯	内浮顶罐	20000<V≤30000	17.5<T≤22.5	VOCs	1.167E-3	102.725
北京市	110000			间二甲苯	内浮顶罐	20000<V≤30000	22.5<T≤27.5	VOCs	1.167E-3	138.614
北京市	110000			间二甲苯	内浮顶罐	20000<V≤30000	27.5<T≤32.5	VOCs	1.167E-3	184.855
北京市	110000			间二甲苯	内浮顶罐	20000<V≤30000	32.5<T≤37.5	VOCs	1.167E-3	243.84
北京市	110000			间二甲苯	内浮顶罐	20000<V≤30000	T>37.5	VOCs	1.167E-3	318.397
北京市	110000			间二甲苯	内浮顶罐	20000<V≤30000	常温	VOCs	1.167E-3	71.192
北京市	110000			间二甲苯	内浮顶罐	30000<V≤50000	T≤2.5	VOCs	8.527E-4	37.729
北京市	110000			间二甲苯	内浮顶罐	30000<V≤50000	2.5<T≤7.5	VOCs	8.527E-4	53.863
北京市	110000			间二甲苯	内浮顶罐	30000<V≤50000	7.5<T≤12.5	VOCs	8.527E-4	75.703
北京市	110000			间二甲苯	内浮顶罐	30000<V≤50000	12.5<T≤17.5	VOCs	8.527E-4	104.862
北京市	110000			间二甲苯	内浮顶罐	30000<V≤50000	17.5<T≤22.5	VOCs	8.527E-4	143.296
北京市	110000			间二甲苯	内浮顶罐	30000<V≤50000	22.5<T≤27.5	VOCs	8.527E-4	193.359
北京市	110000			间二甲苯	内浮顶罐	30000<V≤50000	27.5<T≤32.5	VOCs	8.527E-4	257.862
北京市	110000			间二甲苯	内浮顶罐	30000<V≤50000	32.5<T≤37.5	VOCs	8.527E-4	340.142
北京市	110000			间二甲苯	内浮顶罐	30000<V≤50000	T>37.5	VOCs	8.527E-4	444.146
北京市	110000			间二甲苯	内浮顶罐	30000<V≤50000	常温	VOCs	8.527E-4	99.309
北京市	110000			异丙苯	内浮顶罐	V≤100	T≤2.5	VOCs	1.141E-2	1.688
北京市	110000			异丙苯	内浮顶罐	V≤100	2.5<T≤7.5	VOCs	1.141E-2	2.47
北京市	110000			异丙苯	内浮顶罐	V≤100	7.5<T≤12.5	VOCs	1.141E-2	3.552
北京市	110000			异丙苯	内浮顶罐	V≤100	12.5<T≤17.5	VOCs	1.141E-2	5.027
北京市	110000			异丙苯	内浮顶罐	V≤100	17.5<T≤22.5	VOCs	1.141E-2	7.006
北京市	110000			异丙苯	内浮顶罐	V≤100	22.5<T≤27.5	VOCs	1.141E-2	9.629
北京市	110000			异丙苯	内浮顶罐	V≤100	27.5<T≤32.5	VOCs	1.141E-2	13.062
北京市	110000			异丙苯	内浮顶罐	V≤100	32.5<T≤37.5	VOCs	1.141E-2	17.504
北京市	110000			异丙苯	内浮顶罐	V≤100	T>37.5	VOCs	1.141E-2	23.192
北京市	110000			异丙苯	内浮顶罐	V≤100	常温	VOCs	1.141E-2	4.744
北京市	110000			异丙苯	内浮顶罐	100<V≤200	T≤2.5	VOCs	9.333E-3	2.038
北京市	110000			异丙苯	内浮顶罐	100<V≤200	2.5<T≤7.5	VOCs	9.333E-3	2.981
北京市	110000			异丙苯	内浮顶罐	100<V≤200	7.5<T≤12.5	VOCs	9.333E-3	4.287
北京市	110000			异丙苯	内浮顶罐	100<V≤200	12.5<T≤17.5	VOCs	9.333E-3	6.066

表 6-9   公路/铁路装载挥发损失挥发性有机物产污系数表（示例）

省份	省份代码	地级市	地级市代码	物料名称	汽车/火车装载方式	污染物指标	单位	装载系数
四川	510000	成都市	510100	其他（二乙二醇）	液下装载	VOCs	千克/吨（装载量）	0
四川	510000	成都市	510100	其他（二乙二醇）	底部装载	VOCs	千克/吨（装载量）	0
四川	510000	成都市	510100	其他（二乙二醇）	喷溅式装载	VOCs	千克/吨（装载量）	0
四川	510000	成都市	510100	其他（二乙二醇）	桶装	VOCs	千克/吨（装载量）	0
四川	510000	成都市	510100	其他（二乙二醇）	其他	VOCs	千克/吨（装载量）	0
四川	510000	成都市	510100	其他（癸醇）	液下装载	VOCs	千克/吨（装载量）	0
四川	510000	成都市	510100	其他（癸醇）	底部装载	VOCs	千克/吨（装载量）	0
四川	510000	成都市	510100	其他（癸醇）	喷溅式装载	VOCs	千克/吨（装载量）	0
四川	510000	成都市	510100	其他（癸醇）	桶装	VOCs	千克/吨（装载量）	0
四川	510000	成都市	510100	其他（癸醇）	其他	VOCs	千克/吨（装载量）	0
四川	510000	成都市	510100	其他（醋酸正丙酯）	液下装载	VOCs	千克/吨（装载量）	0.087
四川	510000	成都市	510100	其他（醋酸正丙酯）	底部装载	VOCs	千克/吨（装载量）	0.087
四川	510000	成都市	510100	其他（醋酸正丙酯）	喷溅式装载	VOCs	千克/吨（装载量）	0.209
四川	510000	成都市	510100	其他（醋酸正丙酯）	桶装	VOCs	千克/吨（装载量）	0.209
四川	510000	成都市	510100	其他（醋酸正丙酯）	其他	VOCs	千克/吨（装载量）	0.144
四川	510000	成都市	510100	其他（醋酸仲丁酯）	液下装载	VOCs	千克/吨（装载量）	0.033
四川	510000	成都市	510100	其他（醋酸仲丁酯）	底部装载	VOCs	千克/吨（装载量）	0.033
四川	510000	成都市	510100	其他（醋酸仲丁酯）	喷溅式装载	VOCs	千克/吨（装载量）	0.081
四川	510000	成都市	510100	其他（醋酸仲丁酯）	桶装	VOCs	千克/吨（装载量）	0.081
四川	510000	成都市	510100	其他（醋酸仲丁酯）	其他	VOCs	千克/吨（装载量）	0.056
四川	510000	成都市	510100	其他（甲酸）	液下装载	VOCs	千克/吨（装载量）	0.038
四川	510000	成都市	510100	其他（甲酸）	底部装载	VOCs	千克/吨（装载量）	0.038
四川	510000	成都市	510100	其他（甲酸）	喷溅式装载	VOCs	千克/吨（装载量）	0.092
四川	510000	成都市	510100	其他（甲酸）	桶装	VOCs	千克/吨（装载量）	0.092
四川	510000	成都市	510100	其他（甲酸）	其他	VOCs	千克/吨（装载量）	0.063
四川	510000	成都市	510100	其他（甲缩醛）	液下装载	VOCs	千克/吨（装载量）	0.873
四川	510000	成都市	510100	其他（甲缩醛）	底部装载	VOCs	千克/吨（装载量）	0.873
四川	510000	成都市	510100	其他（甲缩醛）	喷溅式装载	VOCs	千克/吨（装载量）	2.111
四川	510000	成都市	510100	其他（甲缩醛）	桶装	VOCs	千克/吨（装载量）	2.111
四川	510000	成都市	510100	其他（甲缩醛）	其他	VOCs	千克/吨（装载量）	1.456
四川	510000	成都市	510100	其他（环己酮）	液下装载	VOCs	千克/吨（装载量）	0.011
四川	510000	成都市	510100	其他（环己酮）	底部装载	VOCs	千克/吨（装载量）	0.011
四川	510000	成都市	510100	其他（环己酮）	喷溅式装载	VOCs	千克/吨（装载量）	0.027
四川	510000	成都市	510100	其他（环己酮）	桶装	VOCs	千克/吨（装载量）	0.027
四川	510000	成都市	510100	其他（环己酮）	其他	VOCs	千克/吨（装载量）	0.018
四川	510000	成都市	510100	其他（甲基异丁基酮）	液下装载	VOCs	千克/吨（装载量）	0.053
四川	510000	成都市	510100	其他（甲基异丁基酮）	底部装载	VOCs	千克/吨（装载量）	0.053
四川	510000	成都市	510100	其他（甲基异丁基酮）	喷溅式装载	VOCs	千克/吨（装载量）	0.127

省份	省份代码	地级市	地级市代码	物料名称	汽车/火车装载方式	污染物指标	单位	装载系数
四川	510000	成都市	510100	其他（甲基异丁基酮）	桶装	VOCs	千克/吨（装载量）	0.127
四川	510000	成都市	510100	其他（甲基异丁基酮）	其他	VOCs	千克/吨（装载量）	0.088
四川	510000	成都市	510100	其他（四氢呋喃）	液下装载	VOCs	千克/吨（装载量）	0.317
四川	510000	成都市	510100	其他（四氢呋喃）	底部装载	VOCs	千克/吨（装载量）	0.317
四川	510000	成都市	510100	其他（四氢呋喃）	喷溅式装载	VOCs	千克/吨（装载量）	0.765
四川	510000	成都市	510100	其他（四氢呋喃）	桶装	VOCs	千克/吨（装载量）	0.765
四川	510000	成都市	510100	其他（四氢呋喃）	其他	VOCs	千克/吨（装载量）	0.528
四川	510000	成都市	510100	其他（异辛烷）	液下装载	VOCs	千克/吨（装载量）	0.191
四川	510000	成都市	510100	其他（异辛烷）	底部装载	VOCs	千克/吨（装载量）	0.191
四川	510000	成都市	510100	其他（异辛烷）	喷溅式装载	VOCs	千克/吨（装载量）	0.46
四川	510000	成都市	510100	其他（异辛烷）	桶装	VOCs	千克/吨（装载量）	0.46
四川	510000	成都市	510100	其他（异辛烷）	其他	VOCs	千克/吨（装载量）	0.318
四川	510000	成都市	510100	甲苯	液下装载	VOCs	千克/吨（装载量）	0.069
四川	510000	成都市	510100	甲苯	底部装载	VOCs	千克/吨（装载量）	0.069
四川	510000	成都市	510100	甲苯	喷溅式装载	VOCs	千克/吨（装载量）	0.166
四川	510000	成都市	510100	甲苯	桶装	VOCs	千克/吨（装载量）	0.166
四川	510000	成都市	510100	甲苯	其他	VOCs	千克/吨（装载量）	0.115
四川	510000	成都市	510100	对二甲苯	液下装载	VOCs	千克/吨（装载量）	0.023
四川	510000	成都市	510100	对二甲苯	底部装载	VOCs	千克/吨（装载量）	0.023
四川	510000	成都市	510100	对二甲苯	喷溅式装载	VOCs	千克/吨（装载量）	0.057
四川	510000	成都市	510100	对二甲苯	桶装	VOCs	千克/吨（装载量）	0.057
四川	510000	成都市	510100	对二甲苯	其他	VOCs	千克/吨（装载量）	0.039
四川	510000	成都市	510100	苯	液下装载	VOCs	千克/吨（装载量）	0.228
四川	510000	成都市	510100	苯	底部装载	VOCs	千克/吨（装载量）	0.228
四川	510000	成都市	510100	苯	喷溅式装载	VOCs	千克/吨（装载量）	0.552
四川	510000	成都市	510100	苯	桶装	VOCs	千克/吨（装载量）	0.552
四川	510000	成都市	510100	苯	其他	VOCs	千克/吨（装载量）	0.381
四川	510000	成都市	510100	其他（苯胺）	液下装载	VOCs	千克/吨（装载量）	0.001
四川	510000	成都市	510100	其他（苯胺）	底部装载	VOCs	千克/吨（装载量）	0.001
四川	510000	成都市	510100	其他（苯胺）	喷溅式装载	VOCs	千克/吨（装载量）	0.003
四川	510000	成都市	510100	其他（苯胺）	桶装	VOCs	千克/吨（装载量）	0.003
四川	510000	成都市	510100	其他（苯胺）	其他	VOCs	千克/吨（装载量）	0.002
四川	510000	成都市	510100	MTBE	液下装载	VOCs	千克/吨（装载量）	0.811
四川	510000	成都市	510100	MTBE	底部装载	VOCs	千克/吨（装载量）	0.811
四川	510000	成都市	510100	MTBE	喷溅式装载	VOCs	千克/吨（装载量）	1.961
四川	510000	成都市	510100	MTBE	桶装	VOCs	千克/吨（装载量）	1.961
四川	510000	成都市	510100	MTBE	其他	VOCs	千克/吨（装载量）	1.352
四川	510000	成都市	510100	乙二醇	液下装载	VOCs	千克/吨（装载量）	0
四川	510000	成都市	510100	乙二醇	底部装载	VOCs	千克/吨（装载量）	0
四川	510000	成都市	510100	乙二醇	喷溅式装载	VOCs	千克/吨（装载量）	0

省份	省份代码	地级市	地级市代码	物料名称	汽车/火车装载方式	污染物指标	单位	装载系数
四川	510000	成都市	510100	乙二醇	桶装	VOCs	千克/吨（装载量）	0
四川	510000	成都市	510100	乙二醇	其他	VOCs	千克/吨（装载量）	0
四川	510000	成都市	510100	甲醇	液下装载	VOCs	千克/吨（装载量）	0.115
四川	510000	成都市	510100	甲醇	底部装载	VOCs	千克/吨（装载量）	0.115
四川	510000	成都市	510100	甲醇	喷溅式装载	VOCs	千克/吨（装载量）	0.277
四川	510000	成都市	510100	甲醇	桶装	VOCs	千克/吨（装载量）	0.277
四川	510000	成都市	510100	甲醇	其他	VOCs	千克/吨（装载量）	0.191
四川	510000	成都市	510100	邻二甲苯	液下装载	VOCs	千克/吨（装载量）	0.017
四川	510000	成都市	510100	邻二甲苯	底部装载	VOCs	千克/吨（装载量）	0.017
四川	510000	成都市	510100	邻二甲苯	喷溅式装载	VOCs	千克/吨（装载量）	0.041
四川	510000	成都市	510100	邻二甲苯	桶装	VOCs	千克/吨（装载量）	0.041
四川	510000	成都市	510100	邻二甲苯	其他	VOCs	千克/吨（装载量）	0.029
四川	510000	成都市	510100	间二甲苯	液下装载	VOCs	千克/吨（装载量）	0.022
四川	510000	成都市	510100	间二甲苯	底部装载	VOCs	千克/吨（装载量）	0.022
四川	510000	成都市	510100	间二甲苯	喷溅式装载	VOCs	千克/吨（装载量）	0.054
四川	510000	成都市	510100	间二甲苯	桶装	VOCs	千克/吨（装载量）	0.054

表 6-10　挥发性有机物处理工艺处理效率表

代码	挥发性有机物处理工艺	G103-10 指标 08/%	G103-10 指标 11：当"装载方式"为"底部装载"时/%	G103-10 指标 11：当"装载方式"为"液下装载"或"喷溅式装载"时/%	G103-10 指标 11：当"装载方式"为"桶装"或"其他"时/%	G103-10 指标 12：当有船舶装载时/%
V01	冷凝法	30	42.5	22.5	2.5	42.5
V02	膜分离法	54	76.5	40.5	4.5	76.5
V03	吸收+分流	6	8.5	4.5	0.5	8.5
V04	吸附+蒸气解析	42	59.5	31.5	3.5	59.5
V05	吸附+氮气/空气解析	48	68	36	4	68
V06	直接燃烧法	51	72.25	38.25	4.25	72.25
V07	热力燃烧法	51	72.25	38.25	4.25	72.25
V08	吸附+热力燃烧法	48	68	36	4	68
V09	蓄热式热力燃烧法（RTO）	54	76.5	40.5	4.5	76.5
V10	催化燃烧法	48	68	36	4	68
V11	吸附/催化燃烧法	48	68	36	4	68
V12	蓄热式催化燃烧法（RCO）	51	72.25	38.25	4.25	72.25
V13	悬浮洗涤法	30	42.5	22.5	2.5	42.5
V14	生物过滤法	30	42.5	22.5	2.5	42.5
V15	生物滴滤法	45	50	40	25	50
V16	低温等离子体	18	20	16	10	20
V17	光解	18	20	16	10	20
V18	光催化	18	20	16	10	20
V19	其他	9	10	8	5	10

各省罐装系数表

内蒙古　　北京　　吉林　　四川　　天津　　宁夏

山东　　山西　　广东　　广西　　新疆　　江苏

江西　　河北　　河南　　浙江　　海南　　湖北

湖南　　甘肃　　福建　　西藏　　贵州　　辽宁

重庆　　陕西　　青海　　黑龙江　　安徽　　上海

云南

各省装载系数表

内蒙古

北京

吉林

四川

天津

宁夏

山东

山西

广东

广西

新疆

江苏

江西

河北

河南

浙江

海南

湖北

湖南

甘肃

福建

西藏

贵州

辽宁

重庆

陕西

青海

黑龙江

安徽

上海

云南

后　记

　　《第二次全国污染源普查成果系列丛书》（以下简称《丛书》）是污染源普查工作成果的具体体现。这一成果是在国务院第二次全国污染源普查领导小组统一领导和部署、地方各级人民政府全力支持下，全国生态环境、农业农村、统计及有关部门普查工作人员和几十万普查员、普查指导员，历经三年多时间，不懈努力、辛勤劳动获得的。及时整理相关材料、全面总结实践经验、编辑出版这些成果资料，使政府有关部门、广大人民群众、科研人员及社会各界了解污染源普查情况、开发利用普查成果，是十分必要且非常有意义的一件大事。

　　在《丛书》编纂指导委员会指导下，《丛书》主要由第二次全国污染源普查工作办公室的同志编纂完成，技术支持单位研究人员和地方普查工作人员参与了部分内容的编写。在编纂过程中，得到了生态环境部领导、相关司局的关心和支持。中国环境出版集团许多同志不辞辛苦，作了大量编辑工作。中图地理信息有限公司参与了《第二次全国污染源普查图集》的制作。在此一并表示由衷的感谢！

　　从第二次全国污染源普查启动至《丛书》出版，历时 4 年多时间，相关数据、资料整理过程中会有不尽如人意之处，希望读者谅解指正。

主编

2021 年 6 月